JN438999

엄마와 아기의 영양과 건강

엄마와 아기의 영양과 건강

찍 은 날 2006년 5월 25일 초판 찍음
펴 낸 날 2006년 5월 30일 초판 펴냄
글 쓴 이 송병춘·강순아
펴 낸 이 정 길 생
펴 낸 곳 건국대학교출판부
주 소 143-701, 서울시 광진구 화양동 1번지
전 화 편 집 실 (02)450-3891~2
도서주문 (02)450-3893
팩 스 (02)457-7202
등 록 제4-3호(1971.6.21)
홈페이지 http://press.konkuk.ac.kr
전자우편 press@konkuk.ac.kr

책임편집 임 경 희
찍 은 곳 (주)시티피아

값 9,000원

ISBN 89-7107-441-8 03590

이 도서의 국립중앙도서관 출판시도서목록(CIP)은 e-CIP 홈페이지(http://www.nl.go.kr/cip.php)에서 이용하실 수 있습니다.(CIP제어번호: CIP2006001049)

엄마와 아기의 영양과 건강

송병춘·강순아 공저

건국대학교 출판부

머리말

인간의 생애를 주기별로 구분해 볼 때, 생명의 시작에서 성장발달, 성숙, 노화에 이르는 과정은 매우 복합적으로 이루어지며 이는 모든 사람의 주요 관심 분야이기도 합니다. 그 동안 생애주기 영양학을 강의해 오면서 정리해 두었던 강의 내용을 모아 이번에 "엄마와 아기의 영양과 건강"으로 출간하게 되었습니다.

임신에 따른 신체적 변화와 원리를 상세하게 설명함으로써, 임신이 여성의 몸에 오는 일시적인 변화일 뿐 병리현상은 아니며 임신부 스스로가 이러한 변화를 잘 이해하여 산전관리에 임할 수 있도록 쉽게 설명하였습니다.

수유는 신생아와 영아에게 유일한 영양공급원으로서의 중요성과 함께 모유수유의 장점, 인공수유시 조제유의 적절한 선택, 수유 방법 등을 다루었습니다. 특히 우리나라의 모유 수유율이 국제 사회 통계와 비교할 때, 매우 저조한 수준이므로 모유가 가진 영양상의 우수성을 강조하여 모유수유를 높이려는 저자의 생각도 담았습니다.

영유아기는 이유식에서 성인 식사로 전환하는 시기로서 이를 영아와 유아로 나누어 영양 상태와 성장과의 관계, 영양과 관련된 건강 문제 등을 다루었습니다.

최근 우리나라에서는 저출산율이 사회·경제적 측면에 미칠 영향을 심각하게 받아들여 출산율을 높이려는 노력이 다양하게 시도되고 있습니다. 또한 출산과 함께 육아문제는 더 이상 여성만의 몫이 아니기 때문에 현대 생활 속에서 가까운 미래에 이를 경험할 남녀 대학생들이 생명에 관한 기본원리와 생리현상을 학문적으로 이해하여 남녀가 함께 적용하고 응용할 수 있도록 하는 데 목적을 두었습니다.

이 책을 통하여 생명의 탄생에서부터 성장발달 과정의 중요성을 인식하고 이 과정에서 영양과 건강의 중요성을 이해하여 실생활에 적용하기를 바랍니다. 그러나 아직도 부족한 점이 많음을 자인하며 더욱 보완하여 노력할 것을 다짐합니다.

끝으로 이 책을 출판하기까지 많은 수고를 아끼지 않은 건국대학교출판부 선생님께 고마움을 전합니다.

2006년 5월

송병춘

차 례

제1부 임신기의 영양과 건강

Contents

Contents

제3부 영유아기의 영양과 건강

제 1 부

임신기의 영양과 건강

제1장 여성의 신비로운 생식기는 어떤 일을 할까?

1. 여성생식기

여성의 생식기는 내생식기로 난소, 난관, 자궁, 질과 외생식기로 치구, 대음순, 소음순, 음핵 등으로 분류된다(그림 1-1).

난 소

난소(ovaries)는 난자를 형성하며 자궁의 좌우 한 쌍의 엄지손가락 크기의 타원형 기관이다. 약 2백만 개의 난자를 담고 있는 알주머니로 생식기간 동안 내보내는 난자의 숫자는 4백여 개 안팎이다. 난자는 난소 안에 '원시난포' 형태인 미숙한 형태로 존재하다가 사춘기가 되면 뇌하수체의 성선자극호르몬 작용에 의해 '발육난포'로 성숙해지는데 많은 난포 가운데 한 개만 성숙해서 '성숙난포'가 되어 난포막이 터지면서 내부의 난자가 배출되는 '배란'현상이 일어난다. 난자의 핵속에

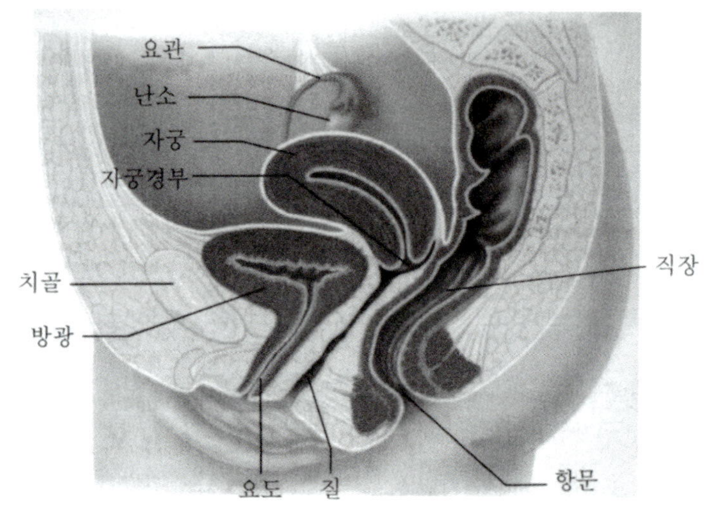

그림 1-1 여성의 생식기관

자료: A. Vander et al.(2001), *Human Physiology: The Mechanisms of Body Function*, 8th ed., Mc Graw Hill, p. 650.

는 여성의 유전자가 들어 있어서 정자와 만나면 부모의 유전 형질을 물려 받는 수정란이 된다. 배란후 난포는 출혈에 의한 응혈덩어리가 황색의 조직으로 변하는데 이를 황체라고 한다. 배란된 난자가 수정이 안 되면 황체는 호르몬 분비가 없는 백체로 변하여 새로운 난포가 형성된다(그림 1-2).

자 궁

자궁(uterus)은 골반 속에 위치하며 방광과 직장 사이에 있는 중강장기로서 마치 서양배를 거꾸로 세운 것 같은 주머니

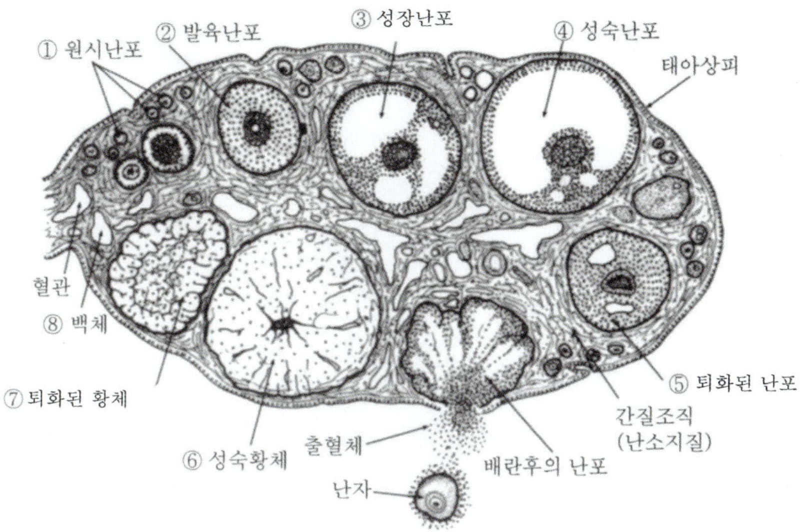

그림 1-2 난포의 성숙과 황체의 형성
자료: 황수관 외(1993),『생리학』, 광문각, p. 430.

모양의 장기로 '아기집'이라고 하며, 크게 자궁구, 자궁체부와 자궁경부로 분류된다(그림 1-3).

자궁체부는 두꺼운 근육층과 그 속에 둘러싸인 작은 공간으로 형성되어 있으며 이 공간을 자궁강이라고 한다. 자궁경부는 자궁체부의 윗부분으로 주머니 모양이며 자궁의 약 3분 2정도를 차지한다. 자궁강의 내면을 자궁내막이라 하여 부드러운 점막으로 덮여 있으며, 여성 호르몬인 에스트로겐의 영향으로 자궁내막이 두꺼워지면서 수정란의 착상을 도와주고, 난자가 정자를 만나지 못하면 자궁내막이 떨어져 나가는 박리현상 즉, 생리현상이 일어난다. 평소 딱딱하게 굳어 있는 자

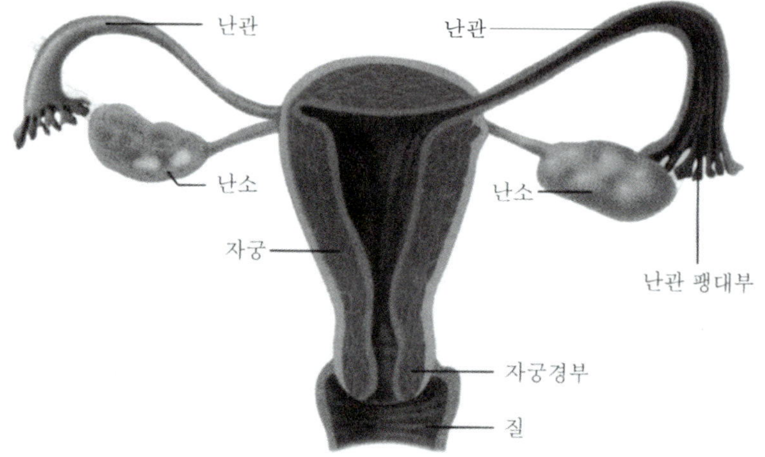

그림 1-3 자궁단면도

자료: A. Vander et. al.(2001), p. 650.

궁경부는 배란일이 가까워지면 부드러워지면서 점액을 분비해 정자를 받아들이기 쉬운 상태가 된다.

질

질(vagina)은 질구에서부터 자궁 입구까지 연결되어 있으며 약 7cm 가량 되는 관상의 기관이다. 질 점막에는 많은 가는 주름이 있으며 보통 때에는 서로 맞닿아 닫혀 있는 모양을 하고 있으나 분만시에는 태아의 산도가 될 정도로 신축성이 있다.

난 관

난자를 자궁으로 이동시키는 역할을 하는 난관(fallopian tubes)은 자궁체부 윗부분의 좌우 양쪽에서 난소를 향하고 있는 약 10cm 가량의 가는 관이다. 관의 넓은 부위를 난관팽대부라 하며 그 끝에는 깔때기 모양으로 열려진 난관채로 되어 있다. 배란 시기에는 한 달에 한 번, 좌우 어느 한 쪽의 난소로부터 배출된 난자를 받아 난관팽대부로 보낸다. 이때 정자와 만나 수정이 되면 수정란이 되면서 난관을 통과하여 자궁에 착상되어 임신이 성립되지만, 정자를 만나지 못한 난자는 자궁내막과 함께 월경혈로 배출된다.

2. 여성호르몬

호르몬은 혈액을 통해 세포나 조직으로 이동하는 화학적 신호전달물질로서 체내 대사과정을 조절하며 양이 부족하거나 많으면 신체대사에 장해를 주는 질병을 가져온다. 호르몬들은 상호관련성이 있어서 호르몬 사이의 균형이 깨지면 생리적 기능의 이상을 가져온다. 난소에서 분비되는 호르몬은 스테로이드로서 난포호르몬, 황체호르몬과 기타 소량의 안드로겐이 분비된다. 여성호르몬의 분비량과 이에 따른 여성생식기에서의 주요 사이클을 그림 1-4에 나타내었다.

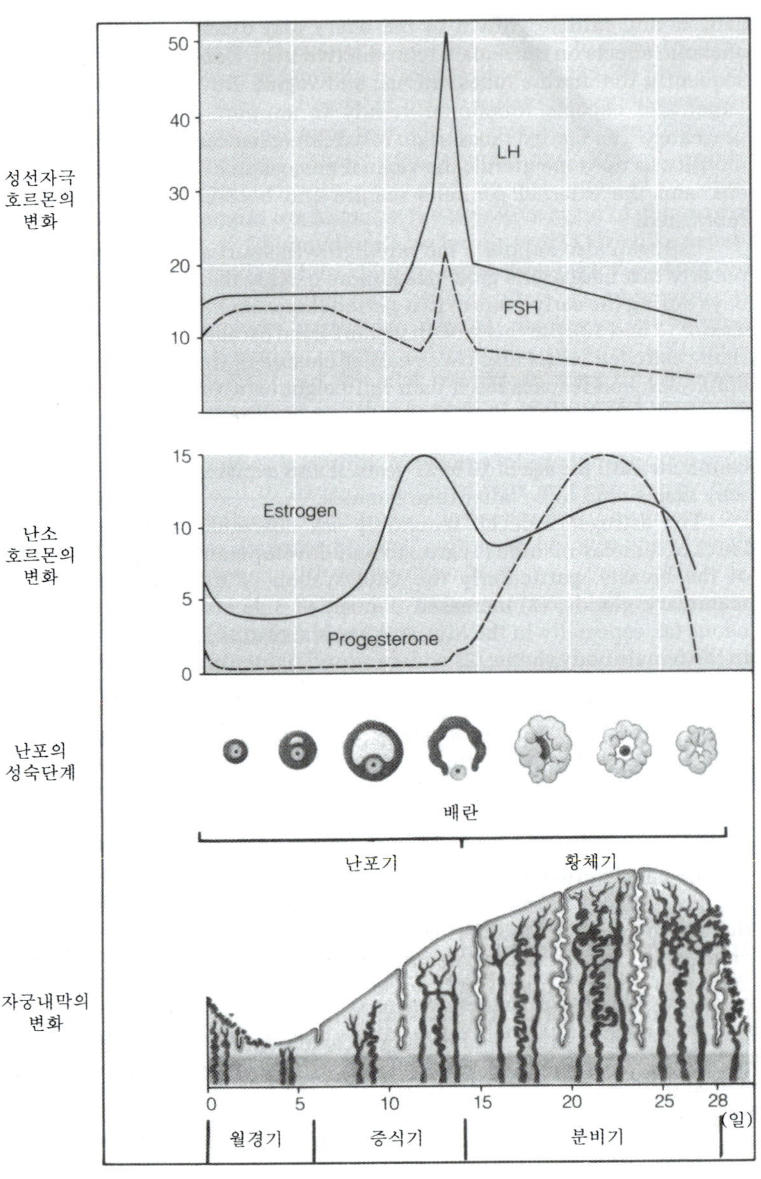

그림 1-4 여성의 생리주기와 호르몬의 변화

자료: Elaine Marieb(2002), *Human Anatomy and Physiology*, Benjamin-Cummings Publishing Company, p. 94.

성선자극호르몬

뇌하수체에서 분비되는 난포자극호르몬(FSH)과 황체형성호르몬(LH)은 난소 등의 성선에 작용하므로 성선자극호르몬이라고 하며 서로가 관련성을 가지고 있다. 성선자극호르몬의 주기적 변화는 음성 및 양성의 피드백(feed back)기전에 의하여 조절된다. 난포호르몬이 분비되면서 직접 난포의 성숙을 촉진시킨다(그림 1-4).

에스트로겐

에스트로겐(estrogen)은 난포자극호르몬의 자극에 의하여 난소와 태반에서 생성되는 여성호르몬으로 2차성징과 생리주기를 유발한다. 에스트로겐이 생식기에 미치는 영향을 살펴보면 다음과 같다.

- 자궁내막 세포 증식
- 자궁근의 흥분성 상승(수축 촉진)
- 자궁내막 수분함량 증가
- 자궁선 및 혈관의 성장
- 자궁경관 점액 분비 촉진, 점액 알칼리화
- 수정 여건 조성
- 난관 흥분성 및 운동성 촉진
- 상피세포층 비후
- 유선 발육 촉진
- 수분, 나트륨 저류와 골세포 증식 촉진

프로게스테론

난소와 태반에서 분비되는 스테로이드 성호르몬으로 임신 기간 동안 태반과 유방의 성장을 유지한다. 프로게스테론(progesterone)은 황체호르몬이라고도 하는데 이는 황체형성호르몬의 분비에 의하여 난포를 성장시켜 배란을 촉진하여 임신의 성립과 유지에 필요한 호르몬이다. 사춘기에 프로게스테론이 충분하지 않으면 월경불순이나 무배란성 월경이 생긴다. 프로게스테론이 생식기에 미치는 영향을 살펴보면 다음과 같다.

- 자궁내막 세포 증식
- 자궁근의 흥분성 저하(수축 방지)
- 자궁내막 수분함량 증가
- 자궁선의 분비 촉진
- 유선세포 증식 촉진
- 배란 후 또는 임신기의 기초체온 상승

3. 여성의 생리주기

우리의 뇌조직은 시상하부의 명령을 받아 뇌하수체에서 소량의 난포자극호르몬(FSH)과 황체호르몬(LH)을 혈액으로 분비하면 이 호르몬은 생식기관인 난소로 신호를 전달하여 에스트로겐과 프로게스테론의 생성을 조절한다. 소아기에는 뇌조직에서 난포자극호르몬과 황체호르몬의 생성이 미약하지만 사춘기에 도달하면 호르몬 생성은 활발하여 난소에서 성호르몬의 분비에 의하여 사춘기의 이차적 성적 성숙 변화를 가져온다. 사춘기에는 신체적으로 지방이 많아지고 골반과 유방이 커지게 되며 겨드랑이에 털이 나기 시작하고 음모도 생긴다. 자궁, 질, 난소가 발육되고, 특히 난소에서는 난자를 성숙시키며 월경 및 배란현상을 일으키게 된다.

월 경

월경(menstruation)은 성숙한 여성 또는 임신되지 않은 여성의 생식기로부터 주기적으로 오는 생리적 출혈 현상을 일컫는다. 이는 임신이 가능함을 알려주는 여성의 몸에서의 신호라고 할 수 있다.

사춘기 여성은 성적 성숙을 경험하면서 생식기능의 성숙을 상징하는 월경생리주기(menstrual cycle)가 시작되는데 초경연령인 10~14세부터 폐경기인 45~55세까지 규칙적으로 진행된다.

여성의 월경주기는 매월 한 개의 성숙된 난자를 생성하여, 배란을 가능하게 하며, 수정 이후 수정란을 보호하고 임신이 유지되도록 자궁 내 환경을 조절한다. 월경주기는 보통 28일 간격으로 난포기, 황체기 및 월경기 3단계로 구분된다(그림 1-5).

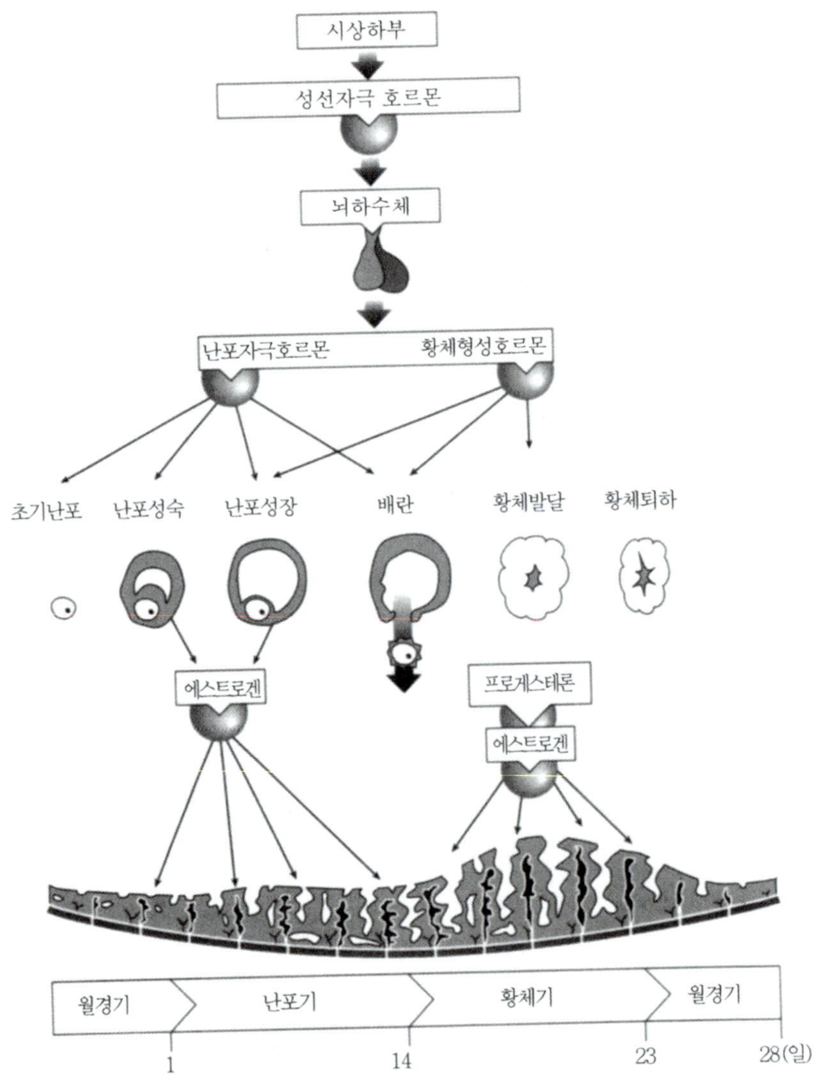

그림 1-5 여성의 월경주기

자료: N. Kretchmer and M. Zimmermann(1997), *Developmental Nutrition*, Allyn & Bacon, p. 49.

난포기

난포자극호르몬과 황체 호르몬의 영향을 받아 난소에서 새로운 난포와 난자가 발달, 성숙한다. 난포는 주머니 같은 구조로 난자가 성숙됨에 따라 점차 커져서 유동액으로 채워진다. 난포자극호르몬과 황체호르몬의 분비가 크게 증가하는 제14일경에 난포가 팽대되면서 파열되면 그 속에 있던 성숙된 난자가 나오게 되는데 이를 배란(ovulation)이라고 하며 난자는 나팔관으로 이동한다. 난소에서 생성된 에스트로겐은 자궁의 상피조직의 분화와 성장을 자극한다.

황체기

배란 후 난포는 황체로 발달되며, 약 10일 동안 황체는 자라서 다량의 프로게스테론을 분비한다. 프로게스테론은 자궁내막의 분화를 촉진하여 수정된 난자가 자궁 내에서 잘 보호되고 성장되는 것을 도와준다.

월경기

생리주기 중 23일경에는 에스트로겐과 프로게스테론의 분비량이 급격히 저하되며 자궁내막의 축소와 자궁근의 수축으로 자궁의 부드러운 조직이 파괴되어 미수정란과 함께 혈액, 점액이 체외로 배출된다. 월경출혈은 보통 5일간 지속되며, 그 후 생리주기는 처음부터 반복된다.

난소주기에 따른 자궁내막의 변화

난소의 주기적 변화를 자궁내막의 변화로 구분하면 증식기, 분비기, 박탈 및 재생기로 구분한다.

증식기(proliferative phase)

월경이 시작한 날부터 약 5~14일에 해당하며, 얇은 자궁내막이 난포호르몬에 의해 비후해져서 증식 말기에는 초기의 2~3배가 된다.

분비기(secretory phase)

월경주기 후반기인 15~28일로 배란후 황체에서 분비되는 황체호르몬에 의해 자궁내막이 더욱 두꺼워지고 자궁분비샘이 더욱 커지고 굴곡이 생겨 분비기능을 한다. 수정란이 착상하기에 가장 적합한 시기이다.

박탈 및 재생기(desquamative and regeneration phase)

자궁내막의 80%가 탈락되어 기저층이 노출되는 시기, 즉 월경이 일어나는 시기이다.

초 경

사춘기 여성의 성적 성숙은 혈액 내 에스트로겐 분비량의 급격한 증가와 일정한 체중 한계치와 체지방 비율이 나타날 때 유도된다고 알려져 왔다. 즉 젊은 여성의 초경(menarche)

은 보통 체중이 47kg이 될 때 또는 체지방 비율이 체중의 17~22%를 차지할 때 시작된다고 한다. 초경연령의 감소는 영양상태의 증진과 관련되어 열량과 단백질 섭취량이 증가되어 성장기 아동들의 체중 및 체지방량이 보다 어린 나이에 한계치에 도달되었기 때문이다. 우리나라 여성의 초경연령은 대개 12~14세에 이른다.

무월경

체지방량이 적고, 영양상태가 좋지 않은 여성은 에스트로겐 생성이 적고, 에스트로겐의 활성도 감소한다. 너무 마른 여성은 혈중 에스트로겐 농도가 저하되어 있으며 배란장애나 무월경(amenorrhea) 또는 불임(infertilty)을 경험하게 된다.

사춘기 이전의 소녀가 신장에 맞는 정상범위의 체중보다 10~15% 정도 체중이 감소하면 초경이 지연되며, 성숙한 여성에서의 지나친 체중감소는 무월경의 원인이 된다. 즉, 날씬한 몸매에 지나치게 신경을 쓰는 과도한 다이어트는 젊은 여성의 정상적인 생리주기와 생식기능을 저해하는 요인이 되기도 한다.

한편, 과도한 체지방 축적도 무월경이나 불임을 야기시킬 수 있다. 지방세포들은 에스트로겐을 생성하기 때문에 비만여성은 정상체중 여성에 비해 에스트로겐 분비량이 훨씬 많아진다. 고도의 비만은 에스트로겐 농도의 증가로 인해 정상적인 내분비기전이 방해를 받아 배란장애나 월경 중단이 나타날 수 있다.

사춘기 이전의 남성에서 만성적인 영양부족으로 인한 체중 감소는 사춘기의 출현과 성적 성숙의 지연을 야기하게 된다. 사춘기 이후 청소년의 영양 부족은 성욕 감소와 정자의 운동 감소를 초래하며 정상체중보다 25% 정도의 심한 체중 감소가 발생하면 정자의 생성이 중단되며 만약 체중을 정상범위로 회복시킨다면 정자의 수와 운동성도 정상이 된다.

식욕과 월경생리

여성의 생리주기 동안 호르몬의 변화는 에너지 필요량과 식욕에 영향을 준다. 황체기 동안 기초 대사율이 증가하고, 많은 경우 식욕이 증가한다. 이에 따라 대부분의 여성들은 음식 섭취량이 많아지고, 이로 인하여 에너지, 단백질, 당질, 지질 및 비타민, 무기질의 섭취량이 증가하게 된다. 특히 생리 직전 호르몬 분비량의 변화는 나트륨, 수분 축적을 유도하여 일시적인 체중 증가 경향을 보이기도 한다. 따라서 식욕 증가와 체내 수분 축적이 체중 증가의 주요 원인이 된다.

월경 전 증후군

월경 전 증후군(premenstrual syndrome, PMS)이란 배란기 또는 월경시작 2~3일 전에 시작되어 월경시작과 함께 없어지는 육체적·정신적 이상 증세를 일컫는다. 주요 증상으로는 우울, 걱정, 부종, 두통, 감정 변화 등이 동반되며, 그 원인은 호르몬의 분비 변화에 의해 초래된다고 보고 있으나 불분명하여 치료 또한 확실한 방법이 없다.

통계에 의하면 가임여성의 75%가 PMS를 경험한다고 하며, 그 가운데 5~10%는 정상적인 생활이 불가능할 정도로 심각하다고 한다.

우리나라와 외국에서의 PMS 사례는 아동학대 및 구타, 도벽, 부부간의 갈등, 자살, 살인, 가정파탄에 이르는 심각한 경우까지 있으므로 여성자신뿐 아니라 주변인들의 관심과 이해가 필요하다.

월경 전 증후군을 예방 또는 완화시킬 수 있는 방법을 다음과 같이 제시하고 있다.

- 식사는 과일, 야채, 곡류를 섭취
- 마그네슘, 칼슘, 비타민 B_6를 충분히 섭취
- 염분, 카페인, 알코올, 육류 등을 적게 섭취
- 육체적 운동 증가(수영, 조깅, 에어로빅, 요가 등)
- 적당한 수면

폐 경

여성의 연령이 45~50세가 되면 자연적인 난소기능의 감퇴로 월경이 없어지는데, 이것을 폐경(menopause)이라 한다. 폐경이 되는 갱년기가 되면 신체적·정신적 장애를 호소하는데 이를 갱년기 장애라고 하며 안면홍조, 불안, 우울증, 두통, 현기증, 귀울림, 불면, 기억력 감퇴, 흥분증세가 나타나기도 한다. 특히 심리적으로는 'empty nest' 증세가 심각하여 정신적 치료를 하는 경우도 있다.

제2장 임신은 어떻게 이루어지는가?

1. 임신의 생리

임신이란 모친으로부터 배란된 난자 한 개와 부친으로부터 많은 정자 가운데 한 개가 결합하여 수정란이 된 것으로 모체 내의 자궁내막에 착상되어 새로운 생명체가 생김으로써 일어난다. 이와 같이 수정란을 체내에 갖게 된 상태를 임신이라 한다. 이는 새로운 생명체를 탄생시키는 초기 과정으로 가장 축복할 일인 동시에 종족 보존의 의미가 있다고 하겠다.

최근 우리나라의 출산율이 세계 최저치라는 통계는 매우 놀라우며, 세계 여러 나라와 비교할 때도 매우 낮다(그림 2-1).

수 정

배란된 난자의 수정능력 보유기간은 대략 24시간 이내로 본다면 정자는 여성의 성기 내에서 약 3일간 수정능력을 보유하고 있다. 많은 정자가 난자 표면의 막에 충돌하여 난자의 표면 막을 녹여 한 개의 정자가 들어간다. 정자와 난자가 유합하는 것을 수정(fertilization)이라고 하며 장소는 난관팽대부 근처에서 이루어진다.

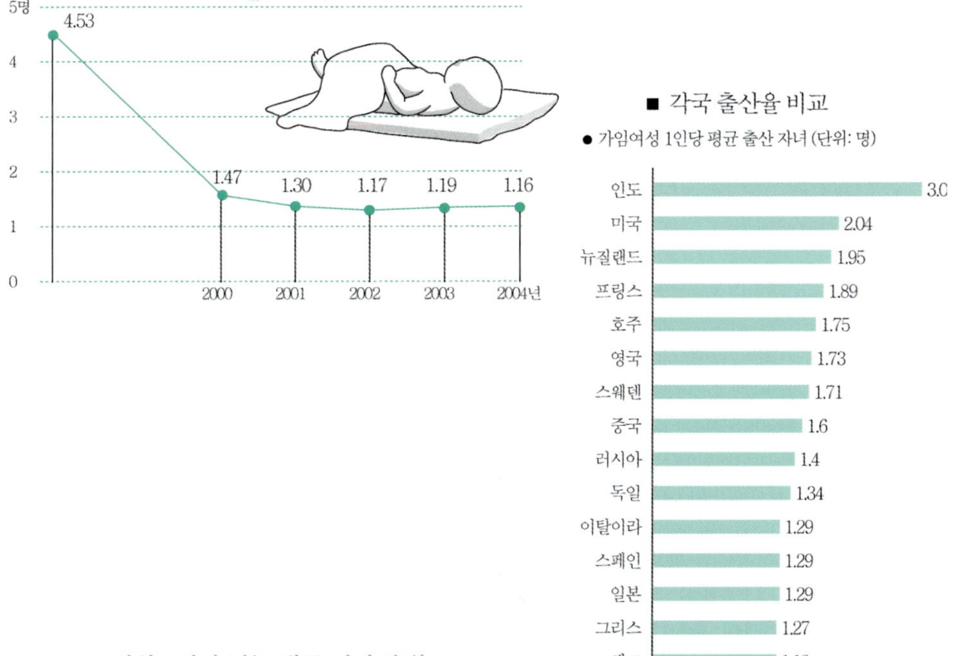

그림 2-1 여성 1명이 낳는 평균 아이 수와 각국 출산율 비교

자료: 통계청

정자와 난자의 구조와 수정 단계를 각각 그림 2-2, 그림 2-3에 나타내었다.

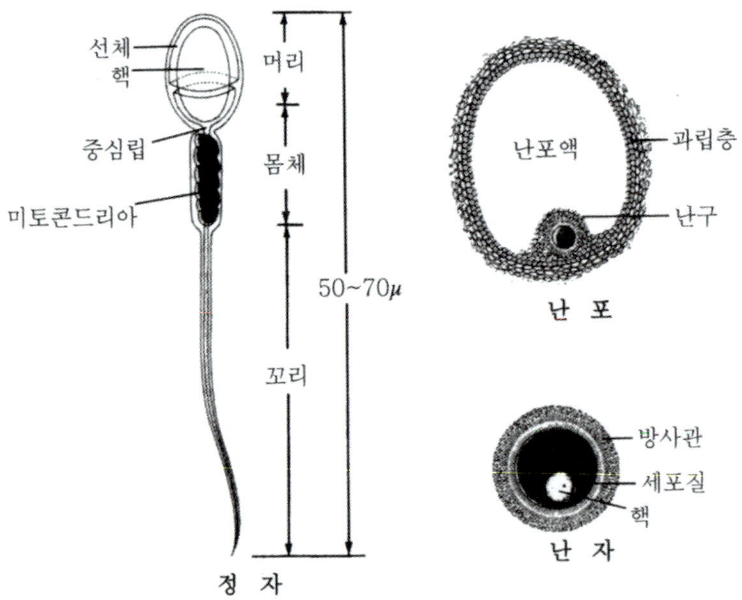

그림 2-2 정자와 난자의 구조
자료: 황수관 외(1993),『생리학』, 광문각, p. 421.

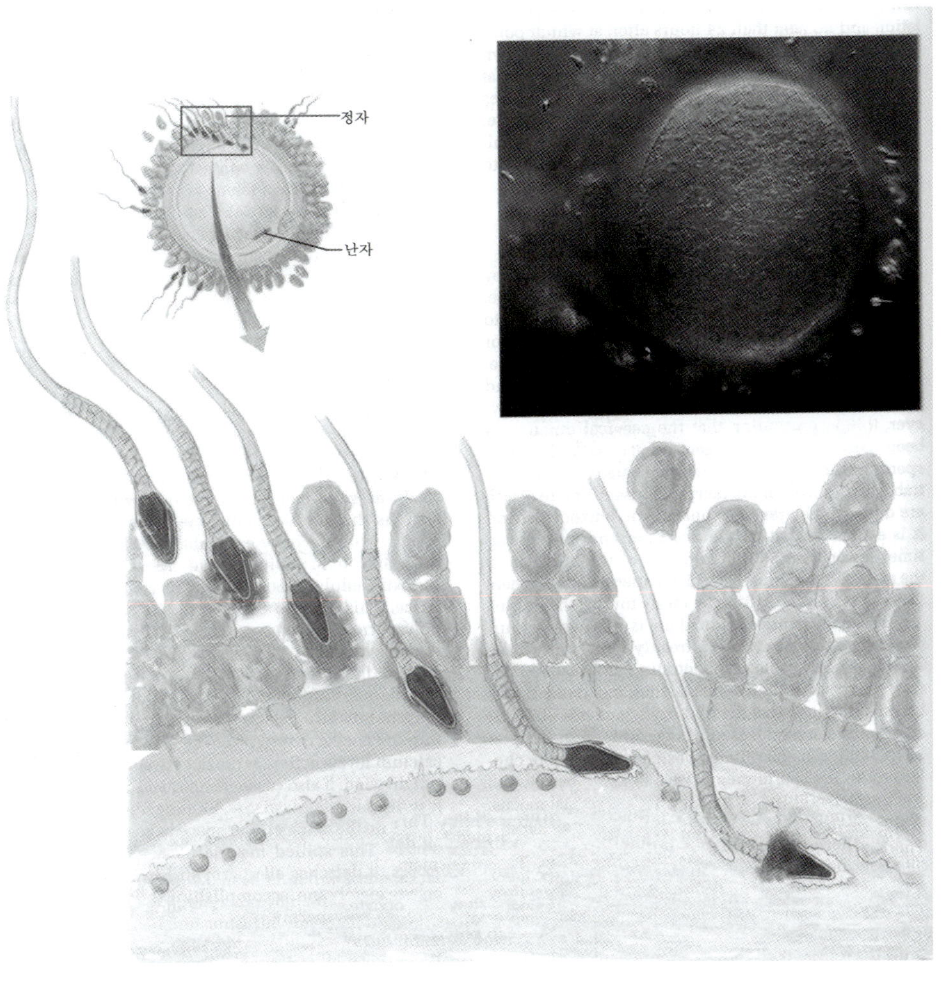

그림 2-3 정자가 난자로 진입하는 과정

자료: Elaine Marieb(2002), *Human Anatomy and Physiology*, Benjamin-Cummings Publishing Company, p.958.

착 상

수정란은 난관의 섬모운동의 도움으로 자궁공간에 들어가 비후해져서 혈관이 풍부한 자궁내막에 부착하여 자궁내막 속으로 매몰되는 현상을 착상(implantation)이라고 한다(그림 2-4). 수정은 되어도 착상을 하지 못하면 임신이라고 할 수 없다. 이때 착상 실패율이 10%나 되며 착상된 경우에도 50% 정도는 유산될 수 있다. 난관의 가장 좁은 부분에 염증이 생겨 수정란이 통과하지 못하는 어려움이 있는데 이때 수정란이 난관 속에 착상하면 난관임신 즉 자궁외 임신이 될 수도 있다.

임신시 모체의 변화

성관계를 한 여성이 월경이 예정일보다 1주일 이상 늦어지게 되면 누구나 한번 '혹시 임신이 아닌가?'라는 의문을 갖는다. 그만큼 월경이 멈추는 것은 임신의 대표적인 징후이다.

임신시 가장 현저한 변화를 받는 곳이 자궁이며, 특히 자궁체부는 조직학적으로나 기능적으로 크게 달라지는데 이와 같은 변화를 간추려 보면 다음과 같다.

· 월경중지
· 입덧
  소화기관 장애, 매스꺼움, 구토 증세 동반, 6~12주 후 자연히 없어짐.
· 유방이 단단해지고 젖꼭지 주변 색이 진해지면서 유방 증대
· 피부 색소 침착, 피하지방 침착, 임신선 생성

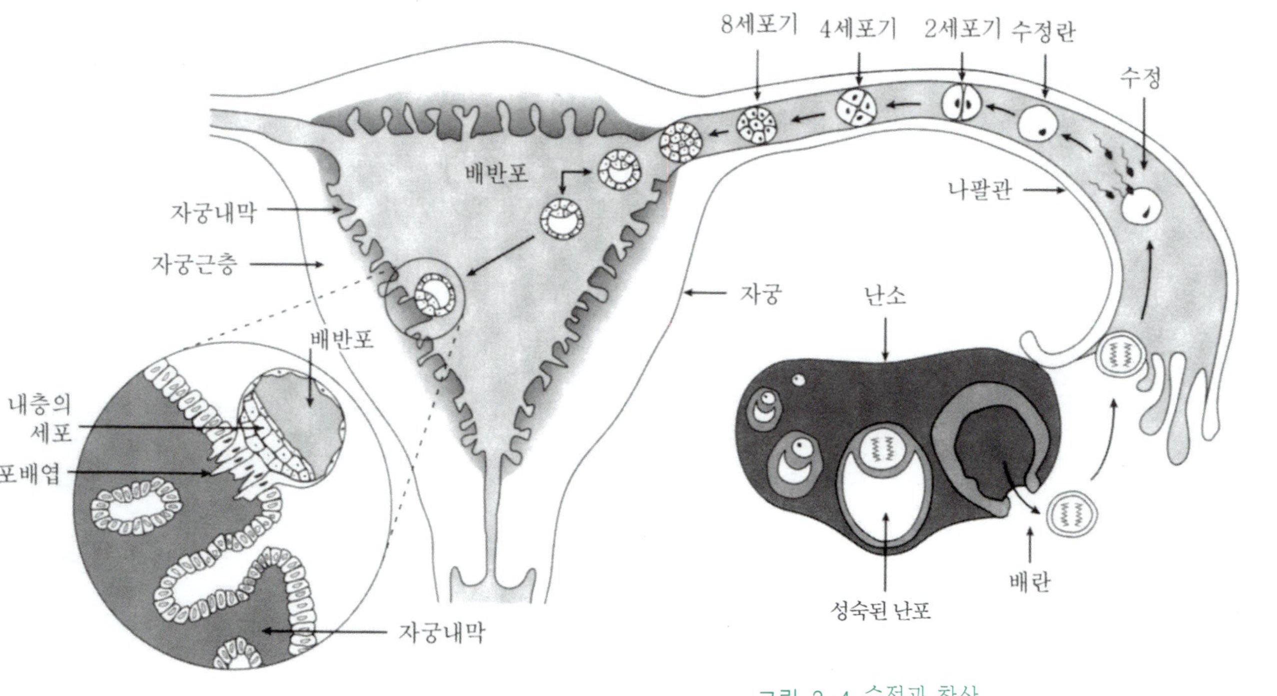

그림 2-4 수정과 착상

자료: N. Kretchmer and M. Zimmermann(1997), *Developmental Nutrition*, Allyn & Bacon, p. 64.

- 감기에 걸린 것처럼 체온 상승, 지속적인 미열 현상
- 심장 비대, 심박출량 증가
- 방광의 압박으로 소변을 자주 보게 되며 변비가 옴
- 혈액량이 20~30%, 혈장량이 25~35% 증가
- 정서적 불안정, 초조함

임신의 확인

기초체온표

임신 여부를 정확하게 알거나 임신하기 쉬운 시기를 알려면 평소에 기초체온표를 작성해 두거나 매달 생리일의 첫날과 마지막날을 기록하는 습관을 가지면 도움이 된다. 기초체온을 재려면 아침에 일어나자마자 체온계를 혀 밑에 넣고 5분간 기다린 후 체온을 잰다. 매일 측정결과를 기록 후 도표를 만들면 체온변화를 쉽게 알 수 있다. 배란이 규칙적인 경우 저온기와 고온기가 확실히 구분되어 가임기와 불임기를 구분할 수 있다. 그러나 배란이 불규칙한 경우에는 저온기와 고온기 또한 명확하지 않다. 월경 직후 2주간은 저온기이며 그 이후는 고온기로서 황체호르몬은 체온을 상승시키므로 체온상승 시에 이미 배란이 있었고 배란일은 체온 상승 전날로 판단한다(그림 2-5).

배란일을 알게 되면 임신하기 쉬운 시기를 예상할 수 있는데 배란일 후의 난자 수명 약 하루와 배란일 전의 정자 수명

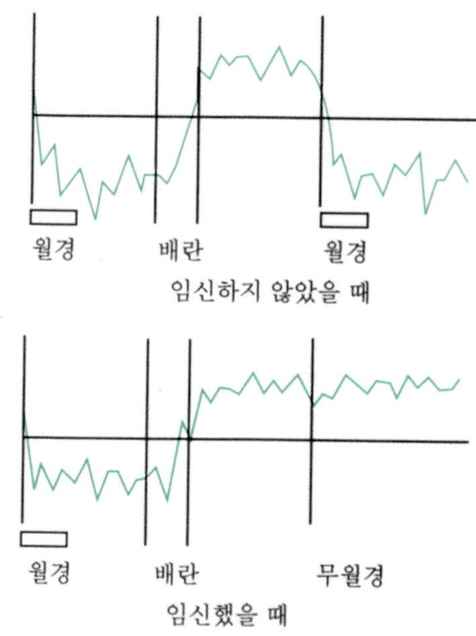

그림 2-5 여성의 기초체온표
자료: 대한산부인과학회 서울지회(2001),『임신 · 출판백과』, 한동출판사, p. 29.

약 3일을 합해 5일간이 가장 임신하기 쉬운 시기로 간주할 수 있다. 즉 임신을 원하는 여성의 경우라면 이 시기를 잘 선택할 것이며 반대로 임신을 원치 않는 경우라면 고온기에 들어선 4일 후부터 1주간은 임신을 피할 수 있는 시기로 생각하면 된다.

자가 임신진단용 기구

임신을 하면 융모성 성선자극호르몬이 분비되어 소변에 섞여 나오는데 자가임신진단용 기구 검사판에 소변 몇 방울을 떨어뜨린 후 시약의 응집반응이나 색깔의 변화를 통하여 임신 여부를 확인할 수 있다. 이는 임신 5~8주 사이에 급격히 증가하는 융모성 성선자극호르몬(HCG)을 검사하는 진단방법이다(그림 2-6). 아침 첫 소변으로 테스트를 하는 것이 좋고 5분 이내에 결과를 얻을 수 있다. 시약의 정확도는 높으나 초기와 4개월 이후에는 실제로 임신시에도 음성으로 나타나는 경우가 있다.

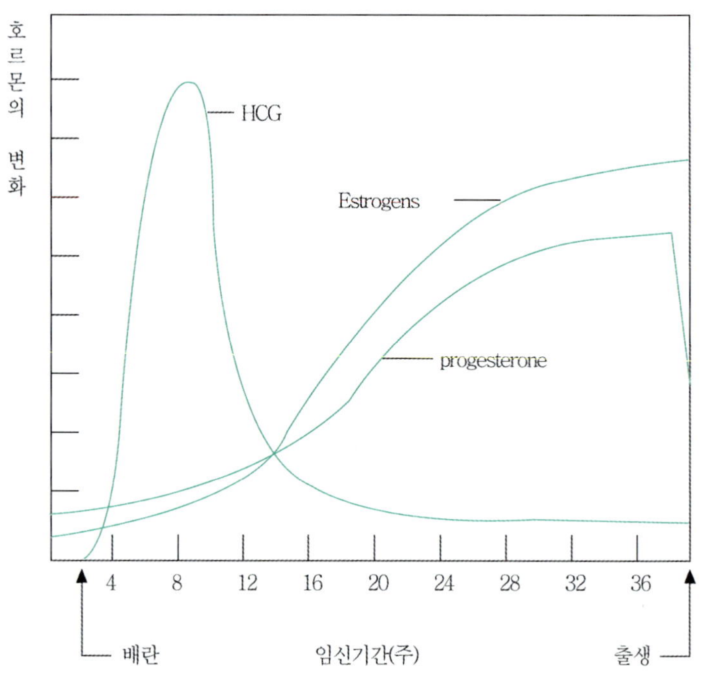

그림 2-6 임신기간 동안 호르몬의 변화
자료: Elarie Marieb(2002), p.96.

분만 예정일 산출

마지막 월경 첫날에서 28일간을 1개월, 월경을 한번 거르면 2개월이라고 하는데 임신기간은 마지막 월경 첫날에서 280일(40주)간이다.

마지막 월경 시작달이 3월까지인 경우 달수는 9를 일수에는 7을 더하여 계산하고, 4월 이후에는 달수에는 3을 빼고 일수에는 7을 더하여 계산한다. 예를 들어 마지막 월경이 1월 19일이면 예정일은 10월 26일이고, 마지막 월경일이 7월 28일이면 예정일은 4월 35일(5월 5일)이 된다.

상상임신

임신을 몹시 원하는 여성에게서 볼 수 있는 현상으로, 월경이 없어지고 입덧이 나고 유방의 변화도 나타나고 때로는 태동을 느끼는 경우도 있다. 이런 현상은 정신적 원인에 의한 내분비기능저하, 복벽에 지방질 침착, 장운동에 의하여 발생되는데 임신이 아닌 것으로 알려지면 원상태로 돌아온다.

태 반

태반(placenta)은 태아에게 영양분과 산소를 공급해 주는 생명의 주머니이다(그림 2-7). 임신 4개월쯤이면 둥근 반원 모양의 태반이 완성되는데 황체호르몬, 난포호르몬 등을 분비해서 임신이 유지되도록 돕는다. 그 밖에 노폐물을 걸러내는 필터 역할을 하여 바이러스 등을 막아주는 항균작용, 해독

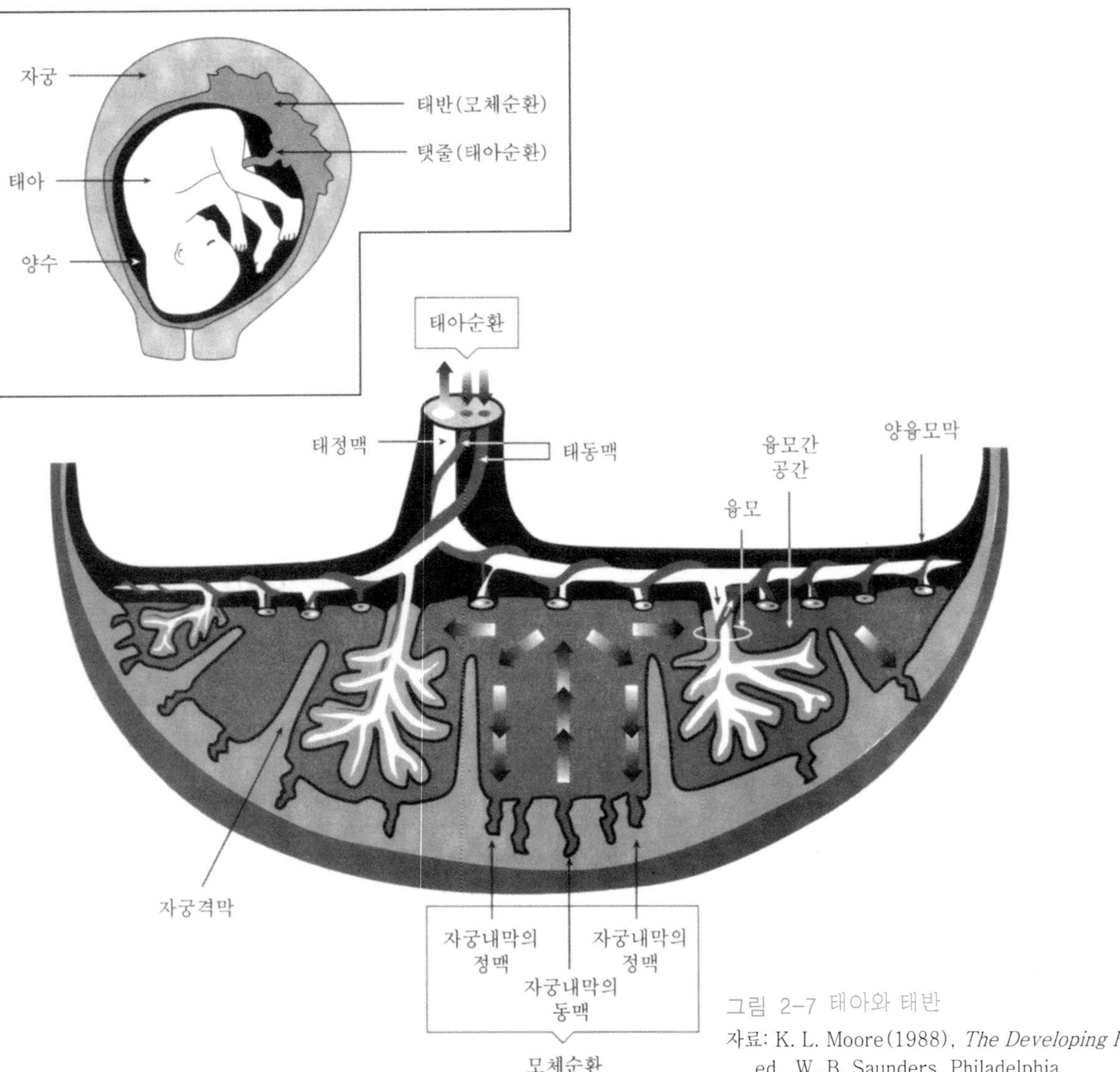

그림 2-7 태아와 태반

자료: K. L. Moore(1988), *The Developing Human*, 4th ed., W. B. Saunders, Philadelphia.

작용까지 병행한다.

① 모체와 태아 사이의 물질교환

태아는 탄산가스를 모체의 혈액으로 배출하고 모체의 혈액으로부터 산소를 공급받는다. 또한, 모체의 혈액으로부터 포도당, 아미노산, 지방질을 섭취하고 태아 안의 노폐물을 모체의 혈액으로 배출한다.

② 호르몬 생산작용

융모성 성선자극호르몬(human chorionic gonadotropin: HCG)은 임신 초기인 7~8주에 분비되며 그 후는 분비량이 갑자기 감소하므로 임신 여부를 진단하기 위한 소변검사법으로 소변 중의 HCG의 유무로 조사하는 것이다. 임신 4개월쯤이면 둥근 반원 모양의 태반이 완성되어 황체호르몬, 난포호르몬 등을 분비해서 임신이 유지되도록 돕는다.

③ 노폐물을 걸러주는 필터 역할

④ 항균, 해독작용

양 수

태아가 엄마 뱃속에서 헤엄치듯 팔 다리를 자유롭게 움직일 수 있는 것은 양수로 둘러싸여 있기 때문에 가능하다. 양수는 완충역할을 하여 외부의 충격을 완화시키며 태아를 보호하고 체온을 조절한다. 아기를 낳을 때는 자궁구를 여는 힘으로 작용해서 분만을 돕는다.

2. 피 임

피임은 임신 자체를 예방하는 방법으로 여성이 하는 방법과 남성이 하는 방법이 있다. 여러 종류의 피임법과 임신 성립의 어느 과정이 차단되는가를 그림 2-8에 나타내었다.

여성이 하는 피임법

경구피임제

경구피임제(oral contra ceptives)는 에스트로겐, 프로게스테론과 같은 인공 호르몬제로, 체내에 들어가 난소에서 배란을 억제시키는 역할을 하여 임신을 불가능하게 해준다. 이는 birth control pill 또는 pill이라고 불린다.

살정제

매회 사전에 질 안으로 삽입하여 사용하는 정제로 삽입 후 2~10분 후 약이 녹아서 들어온 정자를 죽이는 역할을 한다. 질내에서 완전히 녹아버리므로 따로 제거해내야 하는 번거로움이 없다.

자궁 내 장치(루프)

루프는 여성의 자궁 내에 장치하는 합성수지의 피임기구로 수정란이 자궁에 착상하는 것을 방해한다. 월경이 끝난 직후

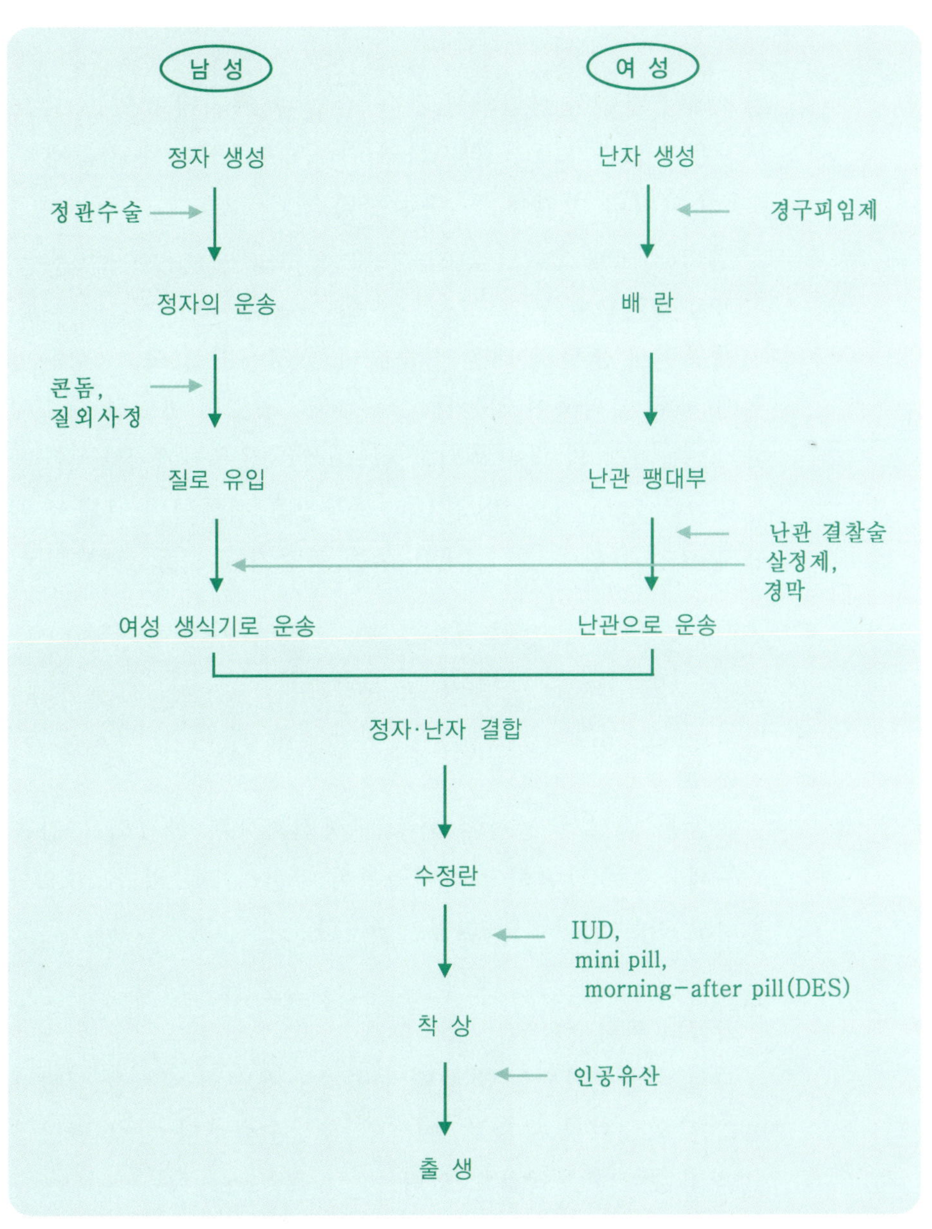

그림 2-8 남녀의 피임 방법

자료: Elaine Marieb(2002), p.948.

병원에서 간단히 삽입하면 된다. 삽입 후 빠지지 않았는가, 또 부작용이 없는가 등을 검진하기 위하여 1주일, 1개월, 3개월, 6개월 때마다 병원에 꼭 가야 한다.

여성 불임수술

제왕절개 출산과 더불어 수술하는 경우가 있고, 정상분만 후에 하루 입원하여 하는데, 20~30분 정도의 간단한 수술이다. 요즘 가장 많이 사용되고 있는 것은 산욕기가 끝난 후 배꼽부위를 2cm 정도 절개하여, 복강경을 집어넣어 보면서 배란 통로인 난관을 절제, 또는 묶는 복강경 수술을 말한다.

남성이 하는 피임법

콘 돔

콘돔은 남성의 성기에 씌우는 풍선과 비슷한 1회용 얇은 고무제품으로 간편하고 경제적이며 안전하므로 가장 널리 사용되고 있는 일반적인 피임기구이다.

남성의 불임수술

고환에서 생산되는 정자를 수송하는 통로인 정관을 절단해 버리는 비뇨기과 수술로, 여성의 불임수술보다 한결 간단하고 후유증이나 부작용도 없다.

3. 불 임

불임이란 결혼한 부부가 피임을 하지 않은 상태에서 1년 내에 임신이 되지 않는 것으로 정의되며 여성의 약 10% 수준이다. 불임의 원인을 요약해 보면 다음과 같다.

- 남성 불임
- 배란 장애
- 난관성 불임
- 자궁 경관 유착
- 질 이상
- 면역성 불임
- 영양 장애
- 원인 불명

불임 검사

- 기본 검사
- 정액 검사
- 기초 체온 검사
- 부부 관계 후 검사
- 배란 검사
- 자궁 내막 검사
- 호르몬 검사

- 자궁 난관 촬영
- 자궁경 검사
- 복강경 검사

불임의 치료

인공수정

체외에서 정자를 넣어 자궁 내에서 자연스런 수정을 하도록 하는 것이다. 시술 대상은 원인 불명으로 임신이 되지 않는 경우에 하는 방법으로 정자를 받아들이기에 부적합한 경우, 또는 정자의 수가 부족한 경우에 한다. 인공 수정시 배우자간 인공수정이 대부분이나 비 배우자간 인공 수정도 있을 수 있으며 이로 인한 사회적·도덕적·윤리적 문제들이 돌출되기도 한다.

시험관 아기

남성으로부터 정자를, 여성으로부터 난자를 채취하여 시험관 내에서 수정을 시킨 후 수정란을 모체로 이식하는 방법으로 1978년에 영국에서 처음으로 성공하였다. 인공 수정으로 실패한 경우 다음 단계로 하는 치료 방법으로서 인공 수정보다는 여러 면에서 복잡하며 기간, 소요 경비가 더 많다.

이혼한 부부의 냉동 수정란은 누구의 것일까?

제3장 태아는 어떻게 성장하고 발달하는가?

1. 태아의 성장과정

임신 1개월

마지막 월경이 시작된 첫날부터 28일간을 임신 1개월이라고 한다. 월경 첫날부터 2주일 이후에 배란된 난자가 정자와 만나 수정이 되어 수정란이 세포분열을 하면서 난관을 따라 이동하여 약 1주일 후에 자궁내막에 착상하면 바깥부분은 태반이 되고 안쪽은 태아가 되어 발육하게 된다. 자궁에 착상한 지 5일이 지나면 외견상 머리, 몸통, 꼬리 부분으로 보이며 신경계, 혈관계, 순환계의 발달이 이루어진다.

임신 2개월

태아의 꼬리는 없어지고 머리가 몸통보다 매우 커서 신장의 약 반을 차지하며 눈, 귀, 입 등을 분별할 수 있다(그림 3-1). 태

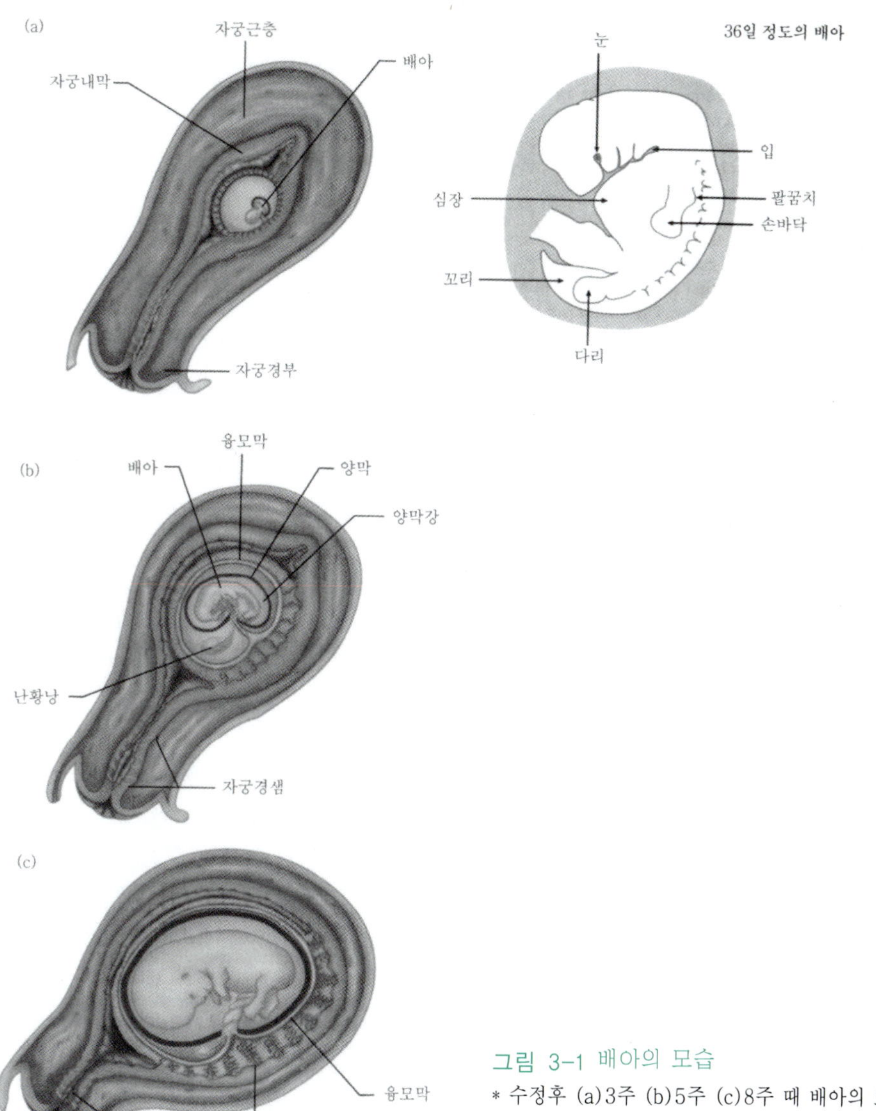

그림 3-1 배아의 모습

* 수정후 (a)3주 (b)5주 (c)8주 때 배아의 모습, 배아와 자궁의 크기는 실제크기임.

자료: B. M. Carlson(1988), *Patten's Foundations of Embryology*, 5th ed., McGraw-Hill, New York.

아의 융모조직이 발달하여 태반을 만들기 시작한다. 모체는 무월경, 구토증, 식욕부진, 기초체온상승의 현상을 가져오게 된다.

배 아

수정과 함께 세포분열, 착상이 되고 태아가 발달한다.

임신 첫 8주 동안은 배아기(embryonic phase)라 하며, 임신 9주부터는 태아기(fetal phase)로 구분한다.

임신 초기 몇 주 동안은 수정란의 안정에 중요한 시기로 이때 착상 실패율이 10%,이며, 착상이 된 경우라 할지라도 50% 정도는 임신을 확인하기 전에 유산될 수 있다.

태아의 발달 과정을 간단히 설명하면, 3주 가량 된 배아는 신체기관을 형성하기 시작한다. 첫 번째 단계로 세포의 분화가 나타나며 세포의 외부 층에서 뇌, 신경계, 피부가 형성되고, 가운데 부위에서 심장순환계, 신장, 근육 및 골격 계통이 형성되기 시작하고, 내부층에서 소화기, 호흡기 및 선 조직이 형성된다.

임신 제1/3분기 동안의 배아는 형태 발생기를 거치므로 이 시기의 균형된 영양 섭취는 매우 중요하다. 영양공급이 충분하지 못하면 태아발달과 성장에 장애가 올 수 있으며 선천적 기형이 나타날 수도 있다. 특히 임신 초기에 비타민 A의 과량 섭취, 엽산의 부족, 비타민 B_6의 결핍은 태아의 기형 유발을 일으키는 것으로 보고되었다.

임신 3개월

태아는 머리, 몸통, 팔, 다리의 형체가 구분되며 내장기도 갖추기 시작한다(그림 3-2). 이 시기에 태아를 보호하고 있는 융모막 자루는 크게 자라고 속은 양수로 채워져 있다. 태아의 영양은 대부분 태반혈행으로 이루어진다. 임신 3개월이 되면 구토증은 차츰 안정되므로 영양을 충분히 섭취하여 정상적인 태반발달과 체중증가를 돕도록 해야 한다.

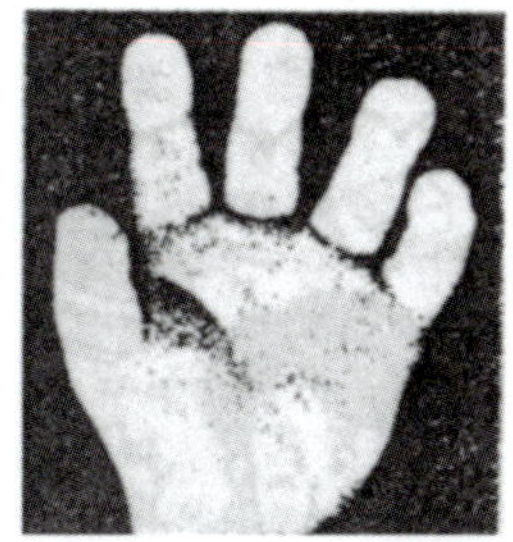

13주경의 태아의 손

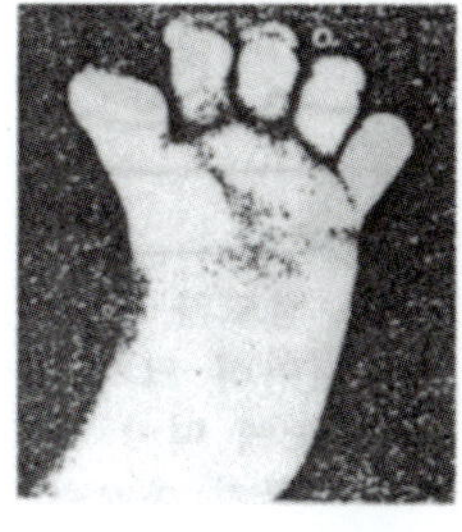

9주경의 태아의 발

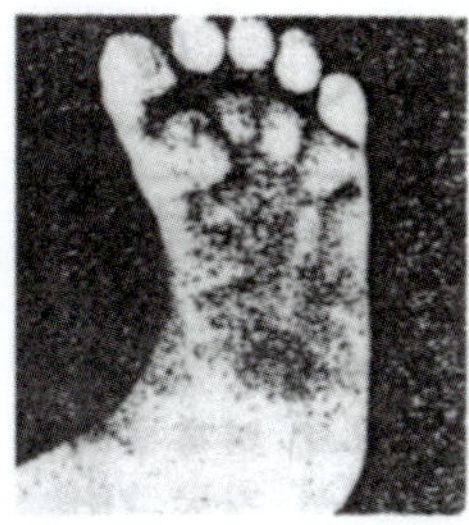

13주경의 태아의 발

그림 3-2 태아의 손, 발의 모습

자료: 대한산부인과학회 서울지회(2001), 『임신 · 출산백과』, 한동출판사, p. 59.

임신 4개월

태아의 얼굴에는 솜털 같은 털이 생기며 장기가 더욱 발달되며 손가락, 발가락이 정확히 나누어지며 성의 구별이 확실해진다. 이 시기에는 태반이 거의 완성되어 모체로부터의 영양분 흡수가 왕성해지며 모체와 태아 모두 안정기에 들어간다.

임신 5개월

태아는 사람의 형체를 갖추며 손톱이 생기기 시작하고 손발과 전신운동이 활발해지며 태동을 느낄 수 있고 청진기로 태아의 심음을 들을 수 있다. 태아는 계속 빠른 속도로 발육·성장한다. 자궁이 어른의 머리 정도로 커지고 유방도 눈에 띄게 부풀어서 초유를 분비하는 임신부도 있다. 혈액량의 증가로 빈혈증세가 일어나기도 한다.

임신 6개월

눈썹, 속눈썹이 나고 골격도 견고해지며 양수의 양이 늘어나 태아운동이 활발해진다. 또한 자궁 밖 소리를 들을 수 있으므로 말을 하거나 음악을 들려주는 것이 좋다. 임신부는 커진 자궁이 혈관을 압박하고 하반신의 혈액순환을 방해하여 치질이 생기기도 한다.

임신 7개월

자궁이나 유방이 점점 커지면서 피부 밑의 작은 혈관이 터져서 배나 유방 등에 붉은색을 띤 임신선이 나타난다. 태아의 피부색은 붉은색을 띠며 주름이 많고 안구운동이 가능하다. 그러나 폐의 호흡이나 근육발달은 미숙하다. 피부의 지방분비가 많아져 피부두께가 두꺼워지며 입을 벌리고 손가락을 빨기도 한다.

임신 8개월

태아는 자궁 속을 꽉 채우며 대부분이 머리를 아래로 향한 자세를 한다. 만약 거꾸로 위치하여도 운동을 통하여 정상위치로 돌아올 수 있다. 이 시기 태아는 남아의 경우 음낭 속에 고환이 들어가며 여아는 좌우에 대음순이 생긴다. 7개월 전에 분만한 아기를 미숙아로, 8~10개월 사이에 태어난 아기를 조산아로 구분해서 말하는데 인큐베이터에서 기르는 일은 가능하지만 생명력이 약하므로 주의를 기울여야 한다.

임신 9개월

태아의 머리 부분이 골반 안으로 하강하므로 태아 몸의 움직임이 둔해진다. 또한 피하지방이 발달하여 피부주름이 없어지며 신생아의 모습을 보이며 폐나 신장기능이 성숙해진다. 태아의 머리 부분이 커지면서 방광을 눌러 소변을 자주 보게 되며 자궁이 커져서 심장을 압박하여 숨이 차게 되고 위의 압박에 의하여 소화도 잘 안 되고 가슴이 답답해진다. 이 시기에는 만기 임신중독증이 발생되기 쉬우므로 요단백, 부종 및 고혈압 검사를 할 필요가 있다.

임신 10개월

태아는 피하지방이 침착하여 피부가 윤이 나고 탄력이 있으며 몸 전체의 균형이 잡힌다. 또한 머리카락, 손톱, 발톱이 자라며 생리적 기능이 완성되는 시기이다. 출산이 가까워지면 태아가 골반 안으로 내려가므로 위의 압박감이나 답답함이 줄어들지만 방광은 더 눌려서 소변은 자주 보게 된다. 또한 윤활유 역할을 하는 분비액이 자궁입구에서 많이 나오므로 외음부의 세균번식을 막기 위해 청결을 유지해야 한다.

임신 기간 동안 태아발육과 모체의 변화를 요약하면 그림 3-3과 같다.

2. 임신 중 태아발육

임신 9~10주경이 되면 태아는 무게가 6g 정도가 되며, 심장 박동과 움직임이 나타난다.

태아기의 성장속도는 일생동안 가장 빨라 임신 2/3분기 동안 태아는 3,000g 이상 증가한다. 임신 후반기의 영양결핍은 특정세포나 기관이 아닌 태아의 전반적인 성장에 영향을 준다. 태아의 성장 발달 기간 동안 체 구성 성분의 변화 즉, 수분 량의 감소, 단백질, 지질, 무기질의 증가가 일어나며, 특히 임신 마지막 3분기 동안에는 많은 양의 지방을 저장하게 된다.

임신 중 자궁내의 태아의 성장발달과정과 체중 증가의 변화는 각각 그림 3-4, 그림 3-5와 같다.

3. 태아의 위험요인

재태 기간은 적어도 37주 이상이어야 된다. 임신기간은 40주로서 38~42주는 정상으로 간주한다. 특히 조산아, 조기 분만아의 경우는 폐 조직이 충분히 발달되지 않아 호흡기 질환의 유발을 높이며 비정상적인 출혈, 감염, 영아사망률을 높일 수 있다.

정상적인 신생아의 출생시 체중은 2,500g 이상이다. 신생아의 체중이 2,500g 미만이면 저체중아라 하는데 이는 두 가지로 구분된다. 하나는 조산으로 인한 저체중아와 또 하나는 만기 분만이나 저체중인 경우가 있다.

출생시 체중은 향후 영유아기의 건강을 예측하는 지표가 된다. 정상적인 체중을 지닌 아이에 비해서 저체중아는 질병이환율 및 영아 사망률이 높고 합병증으로 저혈당, 저칼슘증, 호흡곤란 등이 있을 수 있다.

저체중아의 출산은 특히 개발도상국에서 모체의 영양부

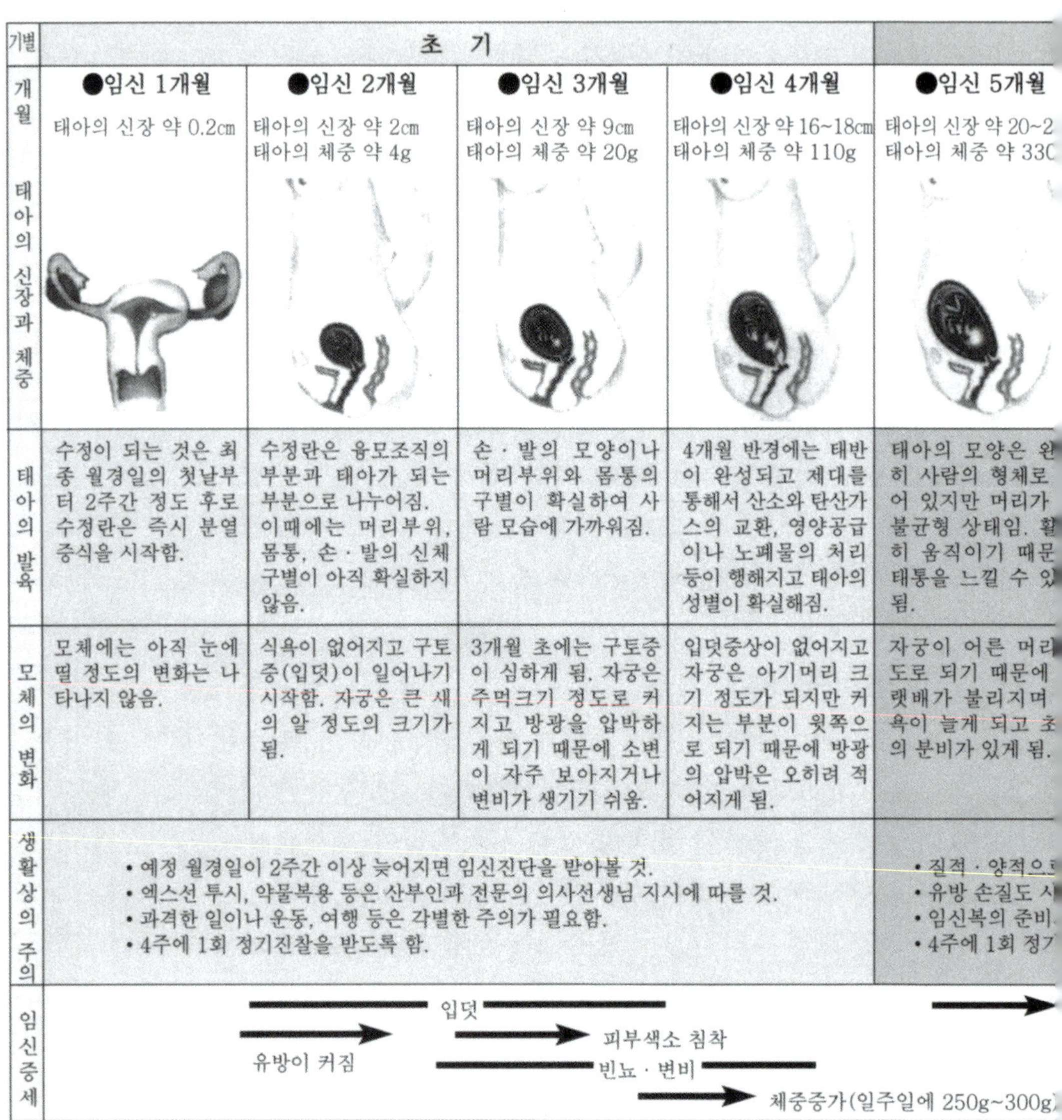

기별	초 기				
개월	●임신 1개월	●임신 2개월	●임신 3개월	●임신 4개월	●임신 5개월
태아의 신장과 체중	태아의 신장 약 0.2㎝	태아의 신장 약 2㎝ 태아의 체중 약 4g	태아의 신장 약 9㎝ 태아의 체중 약 20g	태아의 신장 약 16~18㎝ 태아의 체중 약 110g	태아의 신장 약 20~2 태아의 체중 약 33C
태아의 발육	수정이 되는 것은 최종 월경일의 첫날부터 2주간 정도 후로 수정란은 즉시 분열 증식을 시작함.	수정란은 융모조직의 부분과 태아가 되는 부분으로 나누어짐. 이때에는 머리부위, 몸통, 손·발의 신체 구별이 아직 확실하지 않음.	손·발의 모양이나 머리부위와 몸통의 구별이 확실하여 사람 모습에 가까워짐.	4개월 반경에는 태반이 완성되고 제대를 통해서 산소와 탄산가스의 교환, 영양공급이나 노폐물의 처리 등이 행해지고 태아의 성별이 확실해짐.	태아의 모양은 완히 사람의 형체로 어 있지만 머리가 불균형 상태임. 활히 움직이기 때문 태동을 느낄 수 있 됨.
모체의 변화	모체에는 아직 눈에 띌 정도의 변화는 나타나지 않음.	식욕이 없어지고 구토증(입덧)이 일어나기 시작함. 자궁은 큰 새의 알 정도의 크기가 됨.	3개월 초에는 구토증이 심하게 됨. 자궁은 주먹크기 정도로 커지고 방광을 압박하게 되기 때문에 소변이 자주 보아지거나 변비가 생기기 쉬움.	입덧증상이 없어지고 자궁은 아기머리 크기 정도가 되지만 커지는 부분이 윗쪽으로 되기 때문에 방광의 압박은 오히려 적어지게 됨.	자궁이 어른 머리도로 되기 때문에 랫배가 불리지며 욕이 늘게 되고 초의 분비가 있게 됨.
생활상의 주의	• 예정 월경일이 2주간 이상 늦어지면 임신진단을 받아볼 것. • 엑스선 투시, 약물복용 등은 산부인과 전문의 의사선생님 지시에 따를 것. • 과격한 일이나 운동, 여행 등은 각별한 주의가 필요함. • 4주에 1회 정기진찰을 받도록 함.				• 질적·양적으 • 유방 손질도 시 • 임신복의 준비 • 4주에 1회 정기
임신증세	입덧 유방이 커짐 피부색소 침착 빈뇨·변비 체중증가(일주일에 250g~300g)				

그림 3-3 태아발육과 모체의 변화

자료: 대한산부인과학회 서울지회(2001), pp. 8-9.

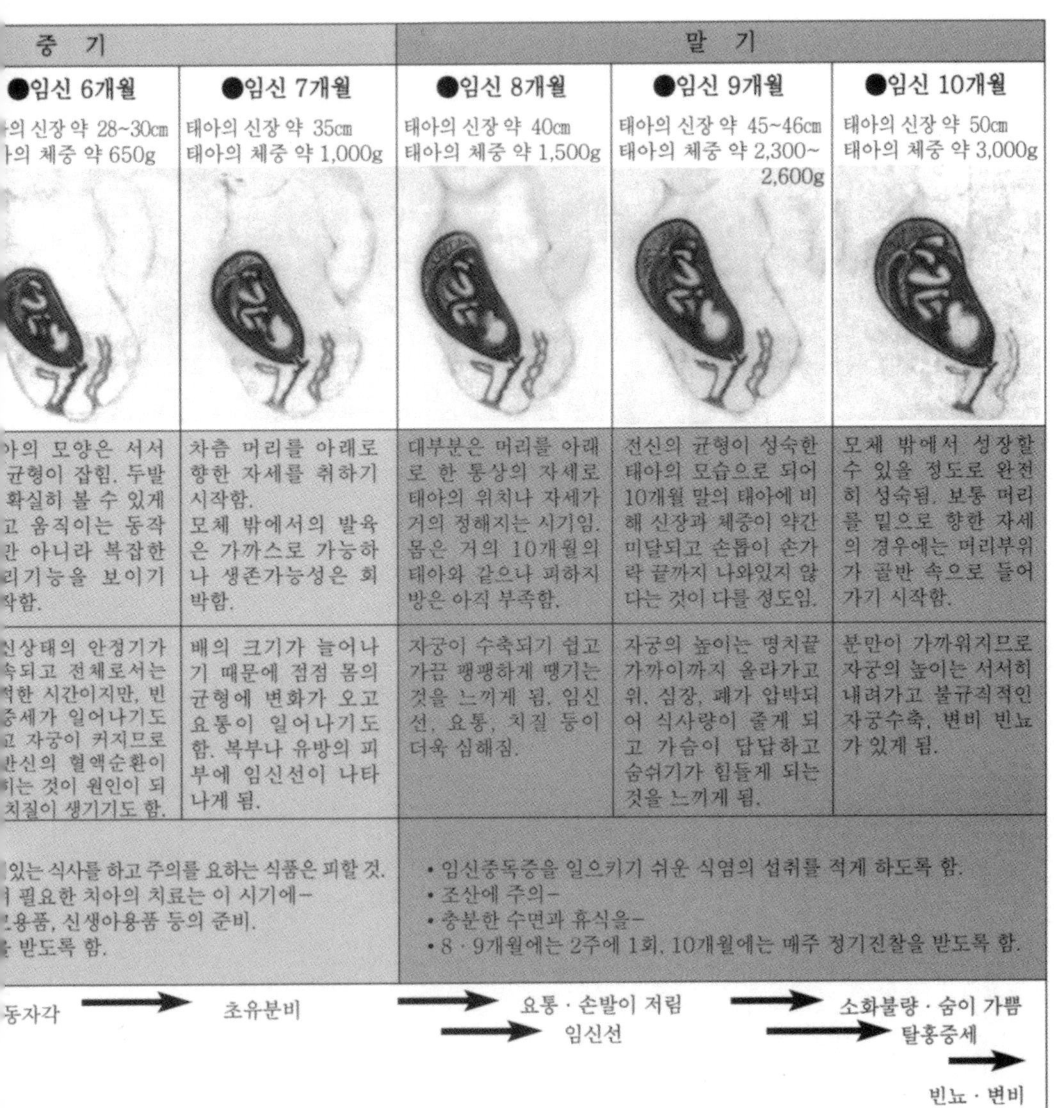

중 기		말 기		
●임신 6개월	●임신 7개월	●임신 8개월	●임신 9개월	●임신 10개월
ᅡ의 신장 약 28~30㎝ ᅡ의 체중 약 650g	태아의 신장 약 35㎝ 태아의 체중 약 1,000g	태아의 신장 약 40㎝ 태아의 체중 약 1,500g	태아의 신장 약 45~46㎝ 태아의 체중 약 2,300~2,600g	태아의 신장 약 50㎝ 태아의 체중 약 3,000g
ᅡ의 모양은 서서 균형이 잡힘. 두발 확실히 볼 수 있게 고 움직이는 동작 ᅶ 아니라 복잡한 리기능을 보이기 작함.	차츰 머리를 아래로 향한 자세를 취하기 시작함. 모체 밖에서의 발육은 가까스로 가능하나 생존가능성은 희박함.	대부분은 머리를 아래로 한 통상의 자세로 태아의 위치나 자세가 거의 정해지는 시기임. 몸은 거의 10개월의 태아와 같으나 피하지방은 아직 부족함.	전신의 균형이 성숙한 태아의 모습으로 되어 10개월 말의 태아에 비해 신장과 체중이 약간 미달되고 손톱이 손가락 끝까지 나와있지 않다는 것이 다를 정도임.	모체 밖에서 성장할 수 있을 정도로 완전히 성숙됨. 보통 머리를 밑으로 향한 자세의 경우에는 머리부위가 골반 속으로 들어가기 시작함.
신상태의 안정기가 속되고 전체로서는 적한 시간이지만, 빈 증세가 일어나기도 고 자궁이 커지므로 반신의 혈액순환이 히는 것이 원인이 되 치질이 생기기도 함.	배의 크기가 늘어나기 때문에 점점 몸의 균형에 변화가 오고 요통이 일어나기도 함. 복부나 유방의 피부에 임신선이 나타나게 됨.	자궁이 수축되기 쉽고 가끔 팽팽하게 땡기는 것을 느끼게 됨. 임신선, 요통, 치질 등이 더욱 심해짐.	자궁의 높이는 명치끝 가까이까지 올라가고 위, 심장, 폐가 압박되어 식사량이 줄게 되고 가슴이 답답하고 숨쉬기가 힘들게 되는 것을 느끼게 됨.	분만이 가까워지므로 자궁의 높이는 서서히 내려가고 불규칙적인 자궁수축, 변비 빈뇨가 있게 됨.
있는 식사를 하고 주의를 요하는 식품은 피할 것. ᅧ 필요한 치아의 치료는 이 시기에– ᆫ용품, 신생아용품 등의 준비. ᆯ 받도록 함.		• 임신중독증을 일으키기 쉬운 식염의 섭취를 적게 하도록 함. • 조산에 주의– • 충분한 수면과 휴식을– • 8 · 9개월에는 2주에 1회, 10개월에는 매주 정기진찰을 받도록 함.		
동자각 →	초유분비	→ 요통 · 손발이 저림 → 임신선	→ 소화불량 · 숨이 가쁨 → 탈홍증세 → 빈뇨 · 변비	

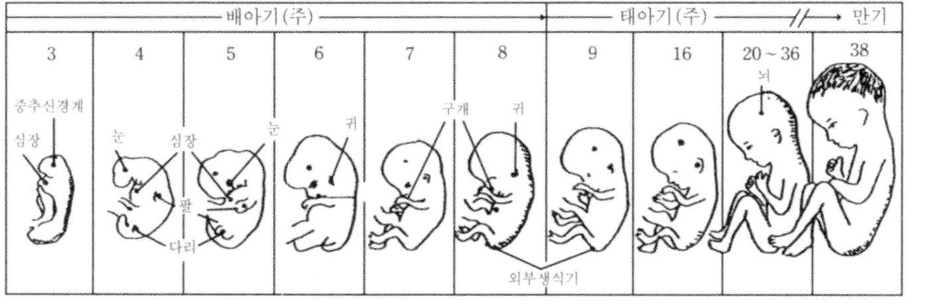

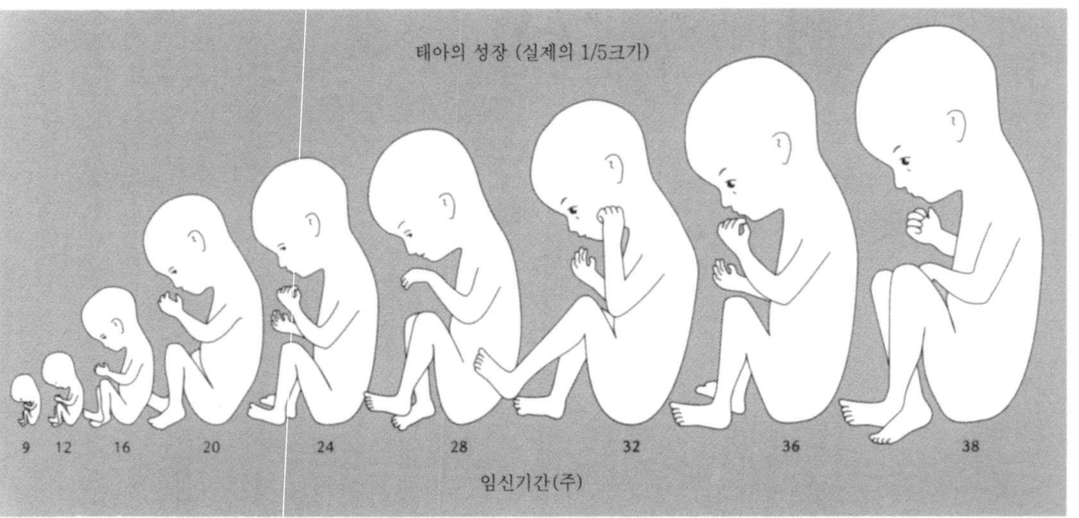

그림 3-4 임신 중 태아의 성장

자료: K. L. Moore(1988), *The Developing Human*, 4th ed., W. B. Saunders, Philadelphia.; N. Kretchmer and M. Zimmermann(1997), *Developmental Nutrition*, Allyn & Bacon, p.71.

족이 원인이 되고 있으며, 20세 이하의 낮은 연령, 낮은 사회 경제적 수준이 주요 위험요인인 것으로 나타났다.

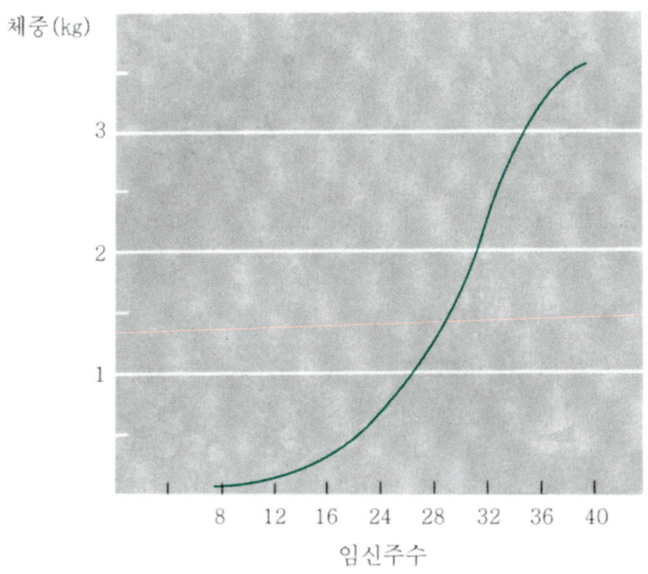

그림 3-5 임신 기간 동안 태아의 체중 변화

제4장 건강한 임신을 위해 무엇을 해야 하는가?

1. 임신 중 체중 증가

임신 기간 동안 체중증가 요인은 태아, 태반, 양수, 모체조직, 체액증가로 되어 있다(그림 4-1, 표 4-1). 체중증가 구성성분은 물, 단백질, 지질로 되어 있으며(그림 4-2) 대부분 지질은 모체의 지방 저장소로 가는 반면 축적된 단백질은 태아와 태반으로 전달된다. 태아의 성장과 발달이 일어나는 동안 수분량의 감소와 단백질, 지질이 증가함을 볼 수 있다(표 4-2).

- 임신 제 1/3분기 : 모체조직의 증가
- 임신 제 2/3분기 : 모체조직과 적은 양의 태아조직의 증가
- 임신 제 3/3분기 : 대부분 태아조직의 증가

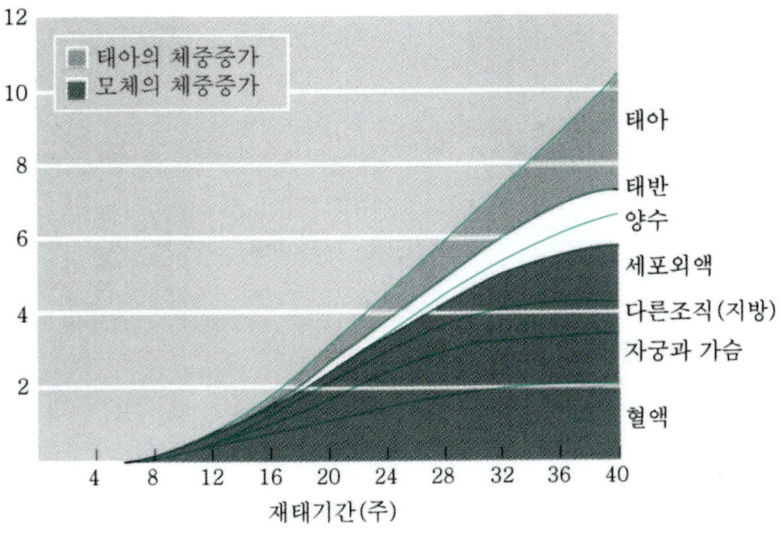

그림 4-1 임신 중 체중증가 요인

자료: N. Kretchmer and M. Zimmermann(1997), *Developmental Nutrition*, Allyn & Bacon 참조 재작성.

표 4-1 임신 중 체중증가 요인

구 분	재태기간에 다른 체중 증가량			
	10주	20주	30주	40주
모 체				
모체 저장량(지방)	310	2,050	3,480	3,345
세포간질액	0	30	80	1,680
혈 액	100	600	1,300	1,250
자 궁	140	320	600	970
유 선	45	180	360	405
	595	3,180	5,820	7,650
태 아				
태 아	5	300	1,500	3,400
양 수	30	350	750	800
태 반	20	170	430	650
	55	820	2,680	4,850
총증가량	650	4,000	8,500	12,500

자료: P. Ross(1990), *Nutrition and Metabolism in Pregnancy*, Oxford: Oxford University Press.

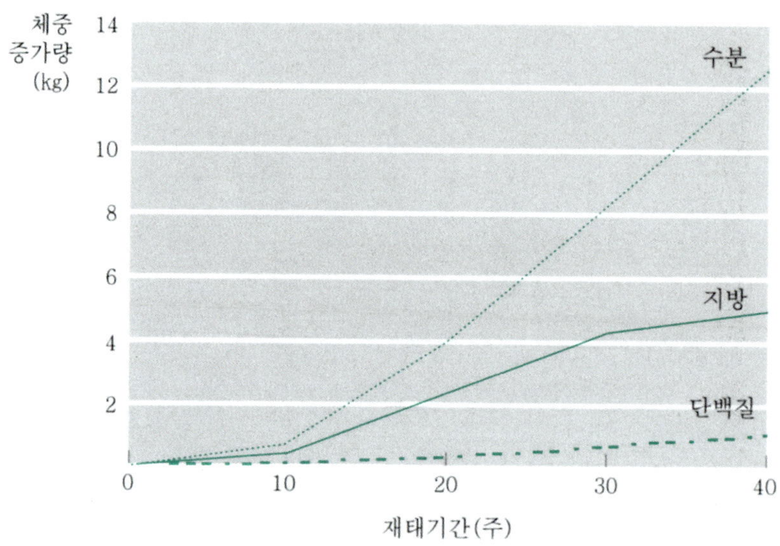

그림 4-2 임신 중 체중증가 구성분

자료: Institute of Medicine(1990), Subcommittee on Nutritional Status and Weigh Gain during Pregnancy, *Nutrition during Pregnancy*, Washington D. C.: National Academy Press.

표 4-2 임신 기간 동안 태아의 체구성분 변화

임신기간(주)	체중	체중 100g당			
		물(g)	단백질(g)	지질(g)	기타(g)
24	690	88.6	8.8	0.1	2.5
26	880	86.8	9.2	1.5	2.5
28	1,160	84.6	9.6	3.3	2.4
30	1,480	82.6	10.1	4.9	2.4
32	1,830	80.7	10.6	6.3	2.4
34	2,230	79.0	11.0	7.5	2.5
36	2,690	77.3	11.4	8.7	2.6
38	3,160	75.6	11.8	9.9	2.7
40	3,450	74.0	12.0	11.2	2.8

자료: P. Ross(1990).

일반적으로 평균 체중증가는 10.5~12.5kg이다. 이상적 체중증가는 건강한 모체유지와 건강한 태아를 출산한다. 체중증가의 권장량은 표 4-3에 제시되어 있고 모체의 저체중과 과체중 증가는 임신과 출산시 위험률을 증가시킨다.

표 4-3 임신 전 BMI에 따른 임신부의 체중증가 권장량

신장에 대한 체중 분류	총체중증가 권장량	
	kg	Ib
저체중(BMI< 19.8)	12.5~18.0	28~40
정상체중(BMI 19.8~26.0)	11.5~16.0	25~35
과체중(BMI >26.0~29.0)	7.0~11.5	15~25
비만 (BMI >29.0)	6.8	14

자료: Institute of Medicine(1990).

임신 중 체중 증가에 영향을 미치는 요인

- 임신 전 신장에 비해 과체중
- 작은 신장
- 10대 임신
- 잦은 임신 터울
- 미혼
- 불량한 영양 섭취
- 흡연
- 약물 남용

2. 모체의 영양 부족

임신 전 체중이 적정체중보다 적은 경우, 임신기 동안의 체중증가량이 많다 하더라도 아기의 출생시 체중은 적은 경향을 나타낸다. 저체중에서 임신을 할 경우 조산의 위험이 크며,

표 4-4 저체중 출산의 위험요인

인구통계학적 요인	**임신 전 요인**
인종(흑인)	키에 비해 적은 체중
낮은 사회·경제적 상태	작은 신장
	만성적 질환
행동적 요인	영양 불량
낮은 교육수준	저체중아 출산 경험
흡연	출산력(초산, 5회 이상 출산경험)
부적절한 산전관리	
임신 기간 중의 낮은 체중증가	**임신 요인**
알코올 중독	다태아 임신
약물 오용	영양 불량
6개월 이하의 작은 임신터울	빈혈
연령(16세 이하, 35세 이상)	태아의 질병
미혼모	임신중독증, 고혈압
스트레스	감염
	태반 이상

자료: Institute of Medicine(1985), Committee to study the Prevention of Low Birthweight, *Prevention of Low Birthweight*, Washington, D. C.: National Academy Press.

또한 저체중아 출산의 위험도 크고, 빈혈 등의 임신부 합병증도 많이 나타난다. 표 4-4에는 저체중 출산의 위험요인을 제시하였다. 임신기간 동안 모체의 너무 적은 체중증가는 유아의 장단기적 건강에 악영향을 미친다. 특히 임신 제2/3분기와 제3/3분기의 체중증가는 태아성장의 중요한 결정요인이다. 임신 기간의 적은 체중증가(7kg)는 성장이 부진한 영아가 출생할 위험이 증가한다.

3. 모체의 과잉영양

임신기의 과잉영양이 태아의 발육과 성숙과정에 미치는 영향은 동물실험에서는 알려져 있으나 인체인 경우는 확실하지는 않다. 모체의 과잉영양은 모체 내에서 축적되며 만약 태반을 통해 태아로 이행되는 물질의 과잉상태가 될 때에는 태반이 완충작용을 하면서 태아에게 전달되는 양을 조절한다. 그러나 모체의 만성적인 과잉영양은 태아에게 좋지 못한 영향을 주게 될 수도 있으므로 영양관리를 주의해야 한다. 임신부가 과체중인 경우 좋지 못한 임신결과를 가져와 정상체중보다 13% 이상 초과한 경우 당뇨, 고혈압 등의 임신부 합병증이 흔히 나타난다.

4. 식사지침서

의학협회(Institute of Medicine, 1992)의 영양분과위원회에서 제시한 식사지침서는 다음과 같다.

- 균형잡힌 영양밀도 있는 식사하기
- 과일, 야채, 곡류, 유제품, 단백질 식품(고기, 달걀, 콩류, 땅콩류)을 함유한 식사하기
- 규칙적인 간격으로 적당한 양의 식사를 소량하고 영양가 있는 간식 선택하기
- 적당한 비율의 체중증가를 위해 충분한 음식 섭취하기
- 적당한 칼슘과 비타민 D를 얻기 위해서 매일 유제품 섭취하기
- 더 많은 철분을 흡수하기 위해 헴철(고기, 가금류, 생선)이나 비타민 C가 강화된 식품(오렌지주스, 브로콜리, 딸기) 권장
- 보통의 짠 음식 섭취, 건강한 여성은 임신 중 소금 섭취를 제한할 필요 없음
- 커피나 다른 카페인 음료의 섭취를 매일 2회 이하로 제한
- 태아를 알코올의 유해한 영향으로부터 보호하기 위해 알코올 음료 피하기

5. 임신기 영양 관리

임신기 영양의 필요성

임신기 동안은 모체와 태아의 건강을 위하여 영양 관리의 중요성이 강조된다.

- 건강한 임신 유지
- 모체의 생활 에너지원
- 모체의 자궁 발육, 유선 발육, 혈액 증가
- 태아의 정상적 발육과 성장
- 태아의 부속물 구성
- 분만, 산욕시의 체력소모 대비

임신기 식사의 기본원칙

균형된 영양 공급과 매끼마다 여러 가지 음식을 골고루 섭취하는 것이 중요하며 특히, 단백질, 비타민, 무기질 식품을 공급해야 한다. 임신기 식사의 기본 원칙은 다음과 같다.

- 하루 표준열량(임신 전기: 2,440kcal, 임신 후기: 2,550kcal)
- 태아의 뼈와 중요한 장기를 구성하는 양질의 단백질과 칼슘을 충분히 섭취한다.
- 비타민, 무기질의 필요량이 증가한다.
- 균형된 식사를 통하여 부종, 임신중독, 비만을 예방한다.

- 설탕대체품에는 인공첨가물이 들어 있어서 제한하되 좋은 당분 섭취는 생과일과 과일주스를 섭취한다.
- 비만이 되지 않도록 지방, 당분을 피하도록 한다.
- 짠 음식은 신장의 모세혈관을 수축하여 신장기능을 저하시키므로 짠 음식을 제한한다.
- 소화가 잘되는 식품 혹은 소화가 잘되는 조리법으로 조리한다.
- 기포성 탄산음료를 제한하여 칼슘의 흡수를 증진시키도록 한다.
- 유지류는 식물성 기름이 부족하지 않도록 한다.
- 임신부의 몸은 산성이므로 녹색야채, 견과류 같은 알카리성 음식을 권장한다.
- 맵거나 짠 것처럼 자극이 강한 음식은 제한한다.
- 알코올의 과잉섭취는 태어난 아기에게 성기 기형, 중추신경 장애와 같은 알코올성 증후군을 가져오며, 저체중아가 태어나기 쉽고, 출생 후에도 발육이 늦고 지능도 약간 떨어지므로 과음은 제한한다.
- 커피, 녹차, 홍차의 카페인은 철분의 흡수를 억제하고 이뇨작용에 의해 몸속 수분과 칼슘을 내보내므로 과량섭취는 제한한다. 커피의 과량섭취는 태아의 발육지연의 효과가 있으므로 많이 마시지 않도록 한다.

표 4-5는 비임신 여성과 임신 여성의 영양 섭취 기준을 비교한 것이다. 임신으로 인해 기초대사량의 증가와 태아의 성장을 위해 임신 중반기에는 +340kcal, 후반기에는 +450kcal

표 4-5 임신부의 영양권장 섭취량

영양소	연령(20~29세)	임신부
에너지(kcal)	2,100	+0/340/450
단백질(g)	45	+25
식이섬유질(g)	25	+5
수분(mℓ)	2,100	+200
비타민A(μgRE)	650	+70
비타민D(μg)	5	+5
비타민E(mg α-TE)	10	+0
비타민K(μg)	65	+0
비타민C(mg)	100	+10
비타민B_1 (mg)	1.1	+0.5
비타민B_2 (μg)	1.2	+0.4
니아신(mg NE)	14	+4
비티민B_6(mg)	1.4	+0.8
엽산(μgDFE)	400	+200
비타민B_{12}(μg)	2.4	+0.2
판토텐산(mg)	5	+1
비오틴(μg)	30	+0
칼슘(mg)	700	+300
인(mg)	700	+0
나트륨(g)	1.5	+0
염소(g)	2.3	+0
칼륨(g)	4.7	+0
미그네슘(mg)	280	+40
철(mg)	14	+10
아연(mg)	8	+2.5
구리(μg)	800	+130
불소(mg)	3.0	+0
망간(mg)	3.0	+0
요오드(μg)	150	+90
셀레늄(μg)	50	+4

자료: 한국인 영양섭취기준(2005), 한국영양학회.

를 추가로 권장하고 있다. 또한 신체구성을 위하여 단백질, 산염기의 균형을 위해서 칼슘, 임신빈혈을 예방하기 위해서 철분, 대사 조절작용의 촉진을 위해서 비타민의 요구량이 증가한다. 표 4-6에는 임신부 식사를 구성하는 데 필요한 식품군별 1일 섭취 횟수를 정리하였다.

표 4-6 임신부의 1일 권장 섭취 횟수

식 품 군	성인여성(2,000kcal)	임신부(2,350kcal)
곡류 및 전분류	4	4
고기, 생선, 계란 및 콩류	4	6
채소 및 과일류	6	7
우유 및 유제품	1	2
유지, 견과, 당류	4	4

자료: 한국인 영양권장량 제7차 개정(2000), 한국영양학회.

이와 같이 식사의 기본 원칙을 따라서 적절한 영양소를 섭취하고 비임신 여성, 임신부, 수유부를 위한 일일식품표를 정리하면 표 4-7과 같다.

식품군	1 단위 수		최소 요구량		
			비임신여성		임신부/수유부
			11~24세	25세 이상	
단백질 식품 근육, 골격, 혈액, 신경의 성장에 필요한 단백질, 철, 아연, 비타민 B를 제공 식물성 단백질은 변비를 예방하는 섬유소 제공	조리된 닭, 칠면조 1oz 조리되고 지방이 적은 쇠고기, 돼지고기 1oz 생선, 해산물 1oz(1/4컵) 달걀 1개 생선튀김, 핫도그 2개 런천미트 슬라이스 2장	완두콩 1/2컵 두부 1oz 호박씨 해바라기씨 1oz 견과류 11/2oz 땅콩버터 2tbs	5	5	7
유제품 골격, 치아, 신경, 근육 그리고 정상적 혈액응고를 위한 단백질과 칼슘 제공	우유 80oz 요구르트 80oz 밀크쉐이크 1컵 크림스프 1 1/2컵(우유) 치즈 1 1/2oz(1/2컵)	치즈 1 1/2장 팔마산치즈 4tb 코타지치즈 2컵 푸딩 1컵 커스터드 1컵 아이스밀크 1/2컵	3	2	3
빵, 시리얼, 곡류 에너지와 신경을 위한 탄수화물과 비타민 B 제공, 혈액을 위한 철제공, 도정하지 않은 곡류는 변비를 예방하는 섬유소 제공	빵 슬라이스 1장 디너롤 1개 베이글 1/2개 잉글리쉬머핀 1/2개 시리얼 3/4컵 시리얼 1/2컵	쌀 1/2컵 국수, 스파게티 1/2컵 팬케익(14인치) 1개 크래커 8개 통밀 크래커 4개 팝콘 3컵	7	6	7

자료: Califonia Department of Health Services(1990), *Nutrition during Pregnancy and the Postpartum Period: A Manual for Health Care Professionals*, Sacramento: Department of Health Services.

식 품 군	1 단 위 수		최소 요구량		
			비임신여성		임신부/수유부
			11~24세	25세 이상	
비타민 C가 풍부한 과일, 야채 감염방지와 철흡수를 도와주는 비타민 C 제공, 변비를 예방하는 섬유소 제공	오렌지, 과일주스 6oz 토마토(야채)주스 6oz 오렌지, 키위, 망고 1개 자몽 1/2개 파파야 1/2컵 귤 2개	딸기 1/2컵 생양배추 1컵컵 브로컬리, 컬리플라워 1/2컵 토마토 퓨레 1/2컵 토마토 2개	1	1	1
비타민 A가 풍부한 과일, 야채 감염방지와 야맹증 예방을 위한 베타카로틴과 비타민 A 제공, 변비를 예방하는 섬유소 제공	살구넥타, 야채주스 6oz 살구 3개 망고 1/4개 당근 1개 토마토 2개	조리된 시금치 1/2컵 조리된 야채 1/2컵 호박, 고구마 1/2컵	1	1	1
다른 과일, 야채 에너지를 위한 탄수화물과 변비를 예방하는 섬유소 제공	과일주스 6oz 과일(중) 1개 과일 1/2컵(슬라이스) 베리 1/2컵 체리, 포도 1/2컵 파인애플 1/2컵 수박 1/2컵	마른 과일 1/4컵 야채 1/2컵(슬라이스) 엉겅퀴 1/2개 상치 1컵	3	3	3
불포화지방 조직을 보호하는 비타민 E 제공	아보카도 1/2개 마가린 1ts 마요네즈 1ts 식물성 기름 1ts	샐러드 드레싱(마요네즈)2ts 샐러드 드레싱(기름) 1ts	3	3	3

6. 임신시 운동 관리

임신 중에는 과격하고 복부에 부담이 가지 않을 정도의 가벼운 운동은 기분을 좋게 하고 식욕도 증가시킬 뿐 아니라 수면에도 도움이 된다. 산책, 배드민턴, 무용과 같이 가벼운 운동은 추천하지만 힘든 운동은 제한하는 것이 좋다. 수영은 임신 5개월 이후부터 체력 보강, 요통 완화의 효과를 가져오므로 권장할 만하다.

- 부담 없는 일상적인 운동 또는 규칙적인 운동은(적어도 일주일에 3번) 훨씬 좋다.
- 충분한 수분공급으로 탈수를 막아준다.
- 3개월 이후에는 반듯이 누운 자세에서의 운동은 심장의 박출량을 감소시키므로 피해야 한다. 또한 임신부는 장시간 동안 움직이지 않고 서있는 자세를 피해야 한다.
- 임신 중 유산소 운동에 필요한 산소량이 감소하지 않도록 운동의 강도를 조절하여야 한다. 사이클이나 수영과 같은 체중부담이 없는 운동으로 위험도를 줄일 수 있다.
- 산모와 태아가 균형을 잃지 않도록 해야 하며, 어떠한 운동이든지 복부에 아주 약하게라도 충격을 주는 것은 피해야 한다.
- 운동을 하는 임신부는 대사항상성을 위해서 하루 300~400kcal가 더 첨가된 식사를 권장한다.
- 임신 초기 3개월간 운동을 하는 여성은 충분한 수분과 적절한 옷과 최적의 환경조건으로 유산을 조심해야 한다.
- 운동 후에는 충분한 휴식을 취한다.

7. 건강한 임신을 위한 수칙

임신기 동안 모체영양에 의하여 건강한 임신결과를 얻을 수 있으므로 임신 전부터 영양・건강 관리를 양호하게 해야 한다.

- 계획된 임신을 한다.
- 건전한 성관계를 갖는다.
- 충분한 휴식과 적당한 운동을 한다.
- 균형 있는 식사를 한다.
- 약물 복용에 주의한다.
- 음주와 흡연을 금한다.
- 전문의에게 정기적으로 진단받는다.

임신 중 알코올 다량 섭취는 태아에게 성장지연, 중추신경계 이상, 안면기형의 현상 등 해로운 영향을 주는데 만성알코올 중독 임신부에게서 태어난 신생아에게 일어나는 장애를 태아알코올 증후군(fetal alcohol syndrome; FAS)이라고 한다. 그림 4-4는 태아 알코올 증후군의 특징적인 안면의 기형 형태를 보여주고 있다.

좋지 못한 임신결과는 저체중아의 출산과 상관성이 높게 나타나므로 이를 최소화할 수 있도록 노력해야 한다(표 4-8).

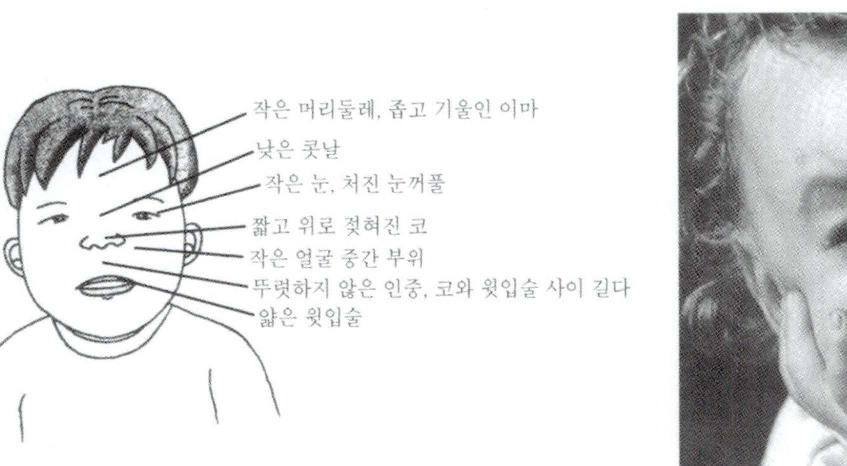

그림 4-4 태아 알코올 증후군 아기의 얼굴 기형 형태
자료: G. M. Wardlaw(1999) *Perpectives in nutrition*, Mcgraw-Hill, p. 575.

표 4-8 좋지 않은 임신결과를 유발하는 위험요인

- 고혈압, 당뇨, 감염성 질환
- 흡연, 알코올
- 약품 복용(항생제, 아스피린, 제산제 등)
- 영양불량
- 임신간격과 출산횟수
- 연령(17세 이하, 34세 이상)
- 저체중, 과체중

제5장 임신시에 나타날 수 있는 현상은?

1. 모체의 내분비 이상

성인 여성의 체내는 뇌하수체 전엽 및 후엽, 난소, 부신피질, 갑상선 등 모든 내분비선이 뇌하수체를 중심으로 상호간에 복잡한 작용에 의하여 균형된 생리작용을 유지하려고 하는 성질이 있다. 임신도 임신성 변화라 불리는 특이한 내분비학적 환경이 생기면서 태아의 발육과 성장을 돕는 신진대사가 이루어진다. 그러므로 만약 모체의 내분비선 일부에 장애가 있으며 때로는 불임의 원인이 되기도 하고, 만약 임신이 되었더라도 태아의 발육·성장에 장애가 생기거나 임신 현상에 장애가 생길 수도 있다.

임신성 당뇨

임신부의 약 2~4%가 임신 말기에 생기기 쉬우며 분만 전에 합병증을 유도하기도 한다. 당뇨병이 있는 임신부로부터 거대아, 기형아 등의 출산이나 유산, 조산, 태아사망 등이 간혹 보이므로 적절한 치료를 통하여 혈당을 조절해야 한다.

- 표준체중 유지
- 혈당 조절 : 단순당보다 복합당 섭취
- 단백질 섭취 : 지방이 적은 육류, 생선, 튀기지 않은 콩제품
- 저지방 유제품
- 비타민과 무기질 섭취
- 식물성지방 섭취 : 합병증 예방
- 식이섬유소 섭취 : 혈당상승을 지연, 콜레스테롤의 흡수 지연

바세도우씨병

갑상선 호르몬의 과잉으로 촉진되는 바세도우씨병은 뇌하수체 호르몬의 분비가 억제되어 배란이 어려워지거나 수정이 되어도 착상이 잘 안 되기 때문에 유산이나 조산, 그리고 태아사망의 예가 보고되고 있다. 건강한 모체가 임신했을 때에도 갑상선이 약간 커지면서 임신시의 기초대사는 높아진다.

태아의 갑상선은 태아기 3~4개월경부터 생성·발달되어 적은 양의 티록신(thyroxin)이 분비되는데 태반을 통과하여 모체에게서 태아로, 또는 태아에게서 모체로 이행하므로 태아의 대사는 모체의 티록신 영향을 받게 된다.

2. 입 덧

임신 초기에 나타나는 소화기관 장애로 욕지기, 구토, 식욕부진, 두통, 현기증, 심계 항진 등의 증상이 일어나는 경우로, 증상이 가볍고 영양장애를 일으키지 않는 정도이면 보통 입덧이라 한다. 그러나 구토가 빈번히 일어나는 등 이러한 증상이 악화되어 병적으로 인정되면 임신오조로 불리운다.

입덧이 생기는 원인은 내분비 호르몬, 대사장애, 정신적 스트레스에 의하여 일어날 수 있다. 입덧은 공복시에 더 심하고 임신 2~3개월까지 계속되며 4개월경부터는 차츰 없어지게 된다. 그러나 임신 5~6개월이 되어도 매스껍고 구토가 일어나는 경우가 있다.

- 음식을 무리해서 먹지 말고 기호에 맞게 기본적 영양 섭취
- 아침, 공복시 가벼운 스낵, 비스킷, 크래커, 우유 섭취 권장
- 소화가 잘되는 음식으로 담백한 맛의 음식
- 기호에 맞는 음식 선택
- 섬유질, 수분 섭취로 변비 예방
- 수분, 비타민, 무기질 부족이 없도록 권장(수분 많은 과일)

3. 임신성 빈혈

임신 중의 빈혈은 아기의 성장속도가 빠른 임신 7~8개월에 철결핍성 빈혈이 가장 많으며, 만성빈혈에 의하여 임신중독증에 걸리기 쉽다. 철분이 결핍되면 적혈구 속의 헤모글로빈이 부족하여 몸속의 신선한 산소공급이 안 되며 새로운 적혈구를 만들 수 없다. 또한, 임신기에는 태아발육뿐만 아니라 모체의 혈액량도 증가하므로 철의 필요량도 따라서 증가한다. 모체의 심한 빈혈은 생후 2~3개월이 지나서 영아 빈혈의 발생을 초래하게 된다. 임신성 빈혈에는 쇠간, 돼지간, 닭간, 시금치, 굴, 대두, 해조 같은 식품을 권장한다.

· 균형 잡힌 식사
· 고열량식
· 고단백질식 : 철분 흡수, 혈색소 합성, 헤모글로빈 합성
· 고철분식 : 간, 시금치, 굴, 해조류, 녹색채소,
· 저섬유질식 : 섬유소는 철분의 흡수 방해
· 비타민 C 및 비타민류 : 철분 흡수 촉진

4. 임신중독증

임신 기간 동안 태반조직에 대한 면역작용이나 유전적인 요인에 의하여 혈관이 수축되고 말초혈관이 수축하여 고혈압이 발생하고 신장 손상에 의하여 단백뇨가 생기며 부종이 일어나는 증상을 임신중독증이라고 한다. 경련과 발작을 일으키는 자간증으로 발전하는 경우도 있다. 고령출산, 다태임신, 비만, 빈혈, 고혈압, 당뇨병, 신장병 증상이 있는 임신부가 걸리기 쉽다.

- 균형식 섭취
- 저열량식 : 체중 감소
- 동물성 지방식 제한 : 태아 발육을 위한 식물성 지방 섭취
- 양질의 단백질 섭취 증가
- 염분, 수분 제한 : 고혈압, 부종 예방
- 야채, 과일 섭취 권장
- 안정과 충분한 휴식, 수면

5. 변비와 치질

임신시 자궁이 커지면서 직장을 압박하고 호르몬 증가로 장의 운동이 저하되면 변비가 생기고 치질로 발전할 수 있다. 현미밥, 요구르트, 미역, 연근, 수박, 사과와 같은 섬유소와 수분이 많은 채소와 과일류의 섭취를 권장한다.

- 규칙적인 식사습관
- 섬유소 섭취 : 전곡류, 과일, 채소
- 수분 섭취 : 공복시 찬물, 우유, 과일, 채소, 주스
- 음식 조리시 기름 사용 증가
- 콩, 두부 섭취
- 적당한 운동

6. 방광염

방광염을 앓았던 사람이 임신시 재발할 확률이 높은 질환으로 소변을 한두 방울만 누어도 배 아래쪽이 아프면서 얼얼한 상태가 되는데 감염되면 항생제로 신속하게 치료를 받아야 한다. 만일 치료하지 않으면 신장염으로 진행하여 조산의 위험이 있다.

평소 물이나 무가당 오렌지주스를 많이 마시고 소변을 참지 말고 방광을 완전히 비우도록 노력하여 감염이 되지 않도록 한다.

7. 유 산

임신 23주 이전에 태아나 그 부속물이 몸밖으로 배출되는 것을 말하며 11~13주경에 가장 많이 발생한다. 호르몬 분비

의 이상, 탯줄의 이상, 결핵, 매독, 심한 충격, 심한 운동에 의하여 일어나며 증상으로는 심한 복통과 출혈이 함께 올 수 있다. 이때는 서둘러 병원에서 적절한 치료를 받아야 하며, 적어도 3개월이 경과한 후에 다시 임신을 시도해야 습관성 유산을 막을 수 있다.

8. 조 산

출산예정일보다 빠른 임신 28～37주 사이에 태아가 분만되는 경우를 조산이라고 하며 양수배출, 임신중독증, 심한 외부적 충격, 정신적 충격으로 자궁을 자극하여 유발할 수 있다. 평소에 과로하지 말고 복부에 힘을 주는 동작은 파수의 원인이 되므로 힘든 일이나 변비, 무거운 짐 옮기는 일은 피하는 것이 좋다.

조기파수란 진통이 오기 전에 양막이 파열되는 경우를 말하는데 파수가 되면 태아감염 및 모체 감염을 일으킬 수 있고 폐혈증이나 자궁 내 태아 사망으로 발전할 수 있으므로 당황하지 말고 병원에서 적절한 치료를 받아야 한다.

제6장 분만은 어떻게 이루어지는가?

1. 분만의 생리

분만의 요소

분만의 세 가지 요소는 만출력, 산도, 태아 및 그 부속물 등이다. 분만시에 태아 및 그의 부속물이 모체 밖으로 배출되는 힘을 만출력이라 하며 진통과 복압을 수반한다. 태아와 부속물이 모체 밖으로 배출되는 통로를 산도라고 하며 골산도로는 골반이 있으며 연산도로는 자궁하부, 자궁경관 및 질 등이 있다(그림 6-1). 임신 전 마지막 월경의 제1일부터 평균 280일 후에 자궁수축에 따른 진통이 있게 되며 태아의 만출이 시작된다.

골산도

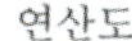

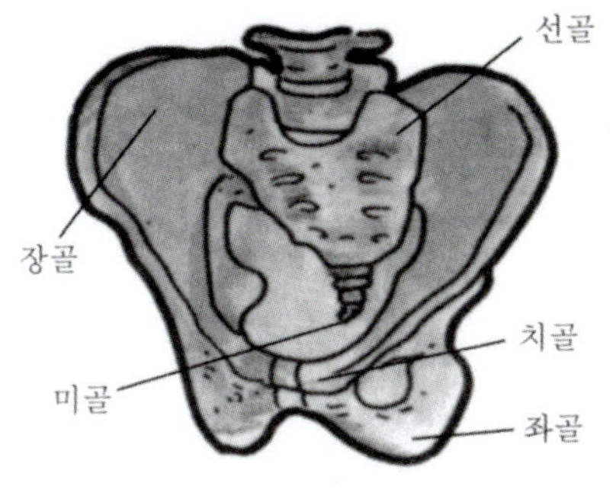

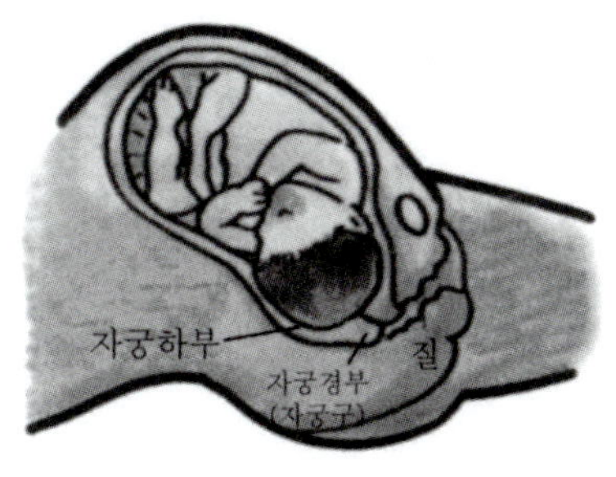

그림 6-1 골산도, 연산도
자료: 대한산부인과학회 서울지회(2001),『임신·출판백과』, 한동출판사, p. 109.

분만법

자연분만은 자연적으로 진통이 생기면서 산도를 통하여 아기를 분만하는 방법이며, 인공분만은 제왕절개 수술로 임신부의 복부를 절개하여 태아를 분만하는 방법이다.

분만 과정

제 1 기 (개구기)

진통이 시작되어 자궁구가 열리는 시기를 개구기라고 한다. 진통이 10분 정도의 간격으로 일어날 때부터 자궁구가 열리기 시작하여 소량의 출혈(이슬)이 보이고 태아가 통과할

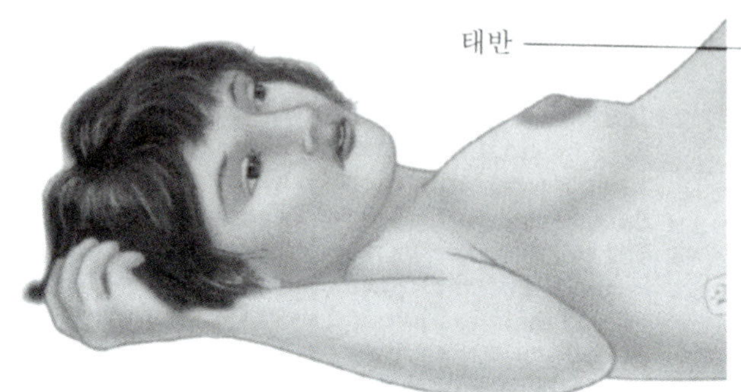

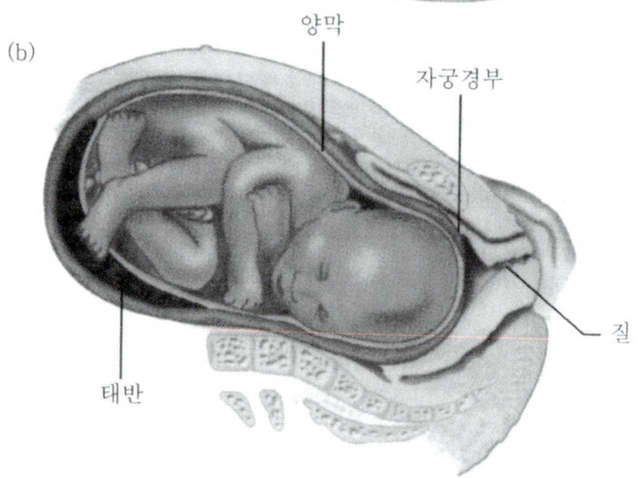

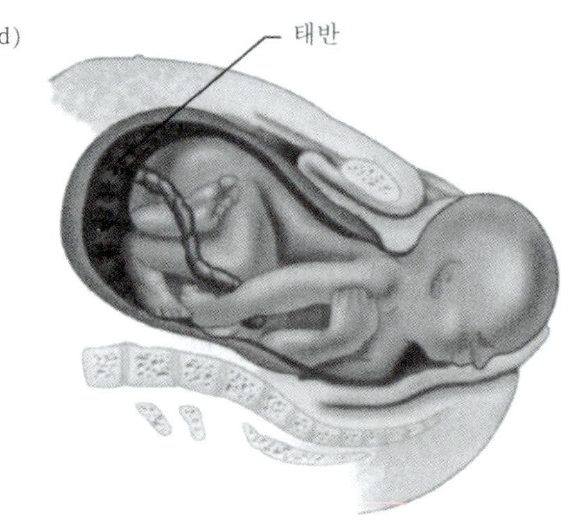

그림 6-2 분만 과정 I

(a) 분만 직전
(b) 자궁경부 확대 시작
(c) 자궁경부 완전확대, 태아머리 자궁경관에 도달
(d) 태아 만출
(e) 태반 배출

자료: A. Vander et al.(2001), *Human Physio,* *The Mechanisms of Body Function*, 8th ed. Graw Hill, p. 671.

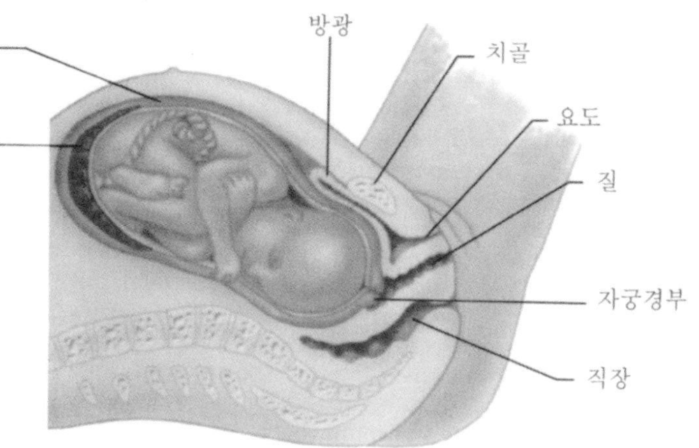

(c)

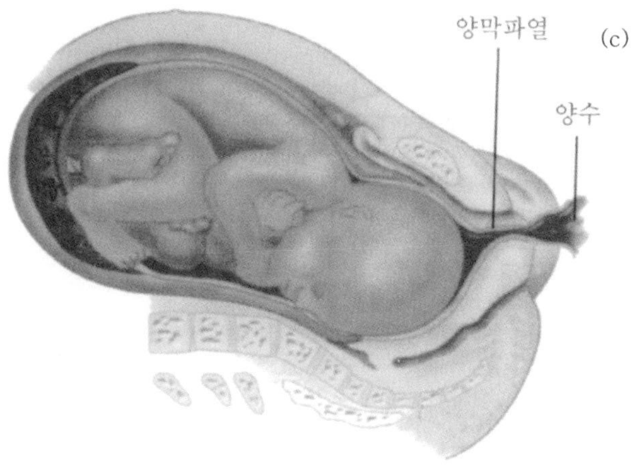

(e)

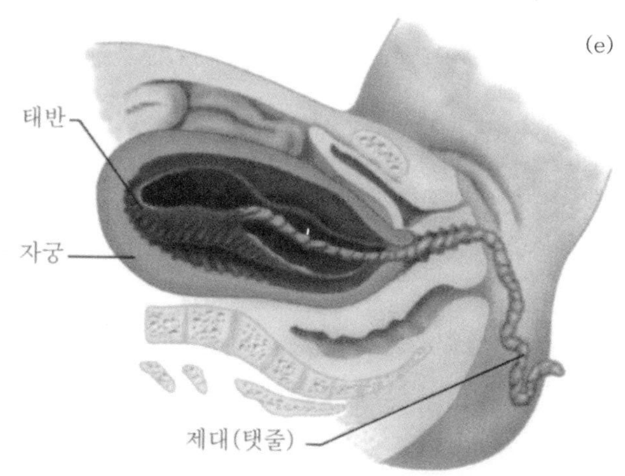

분기		분만 제1기(개구기)		
분만 시간	초산	13~14 시간		
	경산	6~7 시간		
태아의 상 태		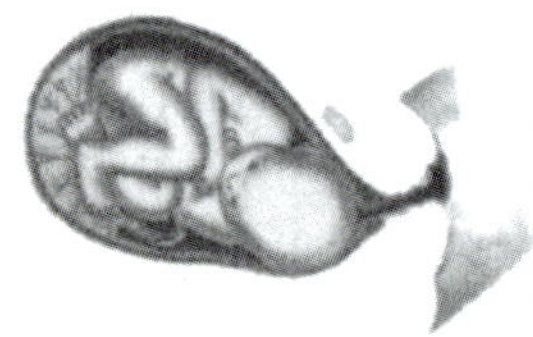 분만 제1기 초에 태아는 턱을 가슴에 붙이고 천천히 하강을 시작함.	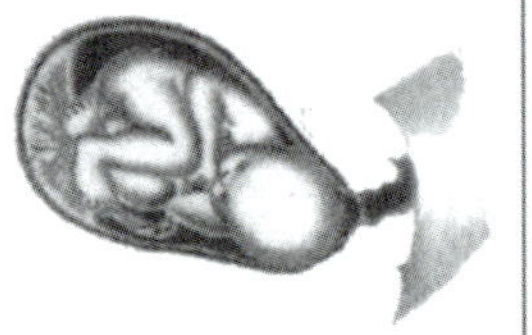 분만 제1기 말 쯤에는 진통이 강하게 되고 태아 머리는 자궁구를 힘껏 밀면서 하강을 계속함.	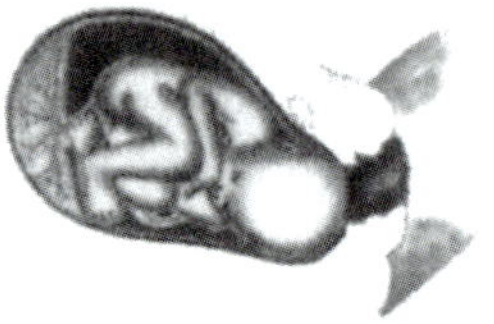 분만 제2기 초에는 자궁구에서부터 나온 태아의 머리는 점점 돌면서 산도 출구로 향함.
호흡법과 보조동작		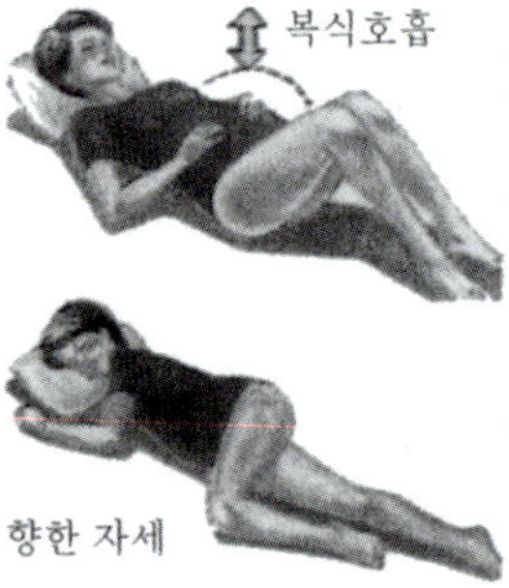 복식호흡 옆을 향한 자세	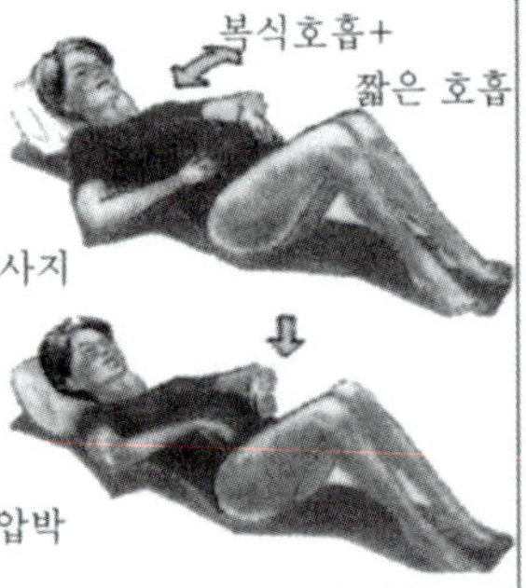 복식호흡+ 짧은 호흡 맛사지 압박	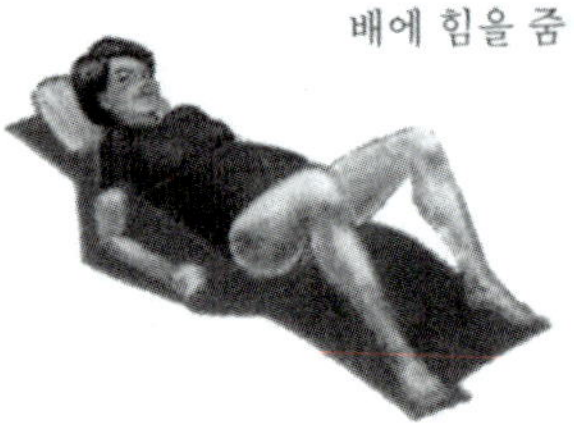 숨을 들이켜 배에 힘을 줌
자궁구의 크 기				다열림 10cm 파수
진 통 + 압박		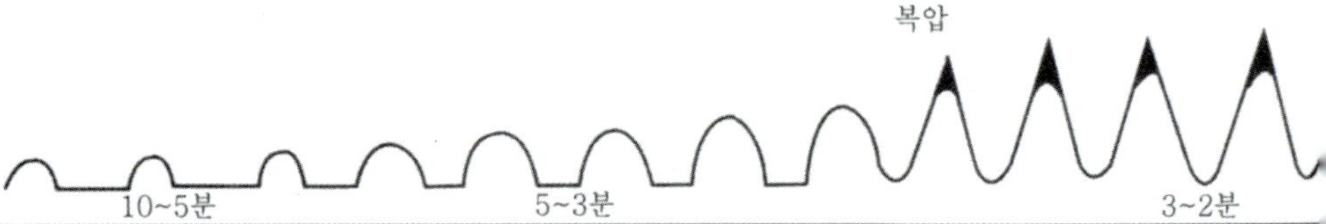 10~5분	5~3분	복압 3~2분
산부의 주의점		제1기전반 : 진통 발작시는 복식호흡법으로 진통이 멈추었을 때는 옆으로 돌아누운 체위를 취하고 전신의 긴장을 풀고 쉬게 함.	제1기후반 : 통증이 강하게 오기 때문에 마사지나 압박법을 행함. 짧은 호흡도 병행. (아직 숨을 들이켜 배에 힘을 주면 안됨.)	진통의 리듬에 따라서 심호흡을 하고 가능한한 오랫동안 숨을 들이켜 배에 힘을 줌.

그림 6-3 분만 과정 II

자료: 대한산부인과학회 서울지회(2001), pp. 10-11.

분만 제2기(만출기)		분만 제3기(후산기)
2~3 시간		10~20 분
1~2 시간		
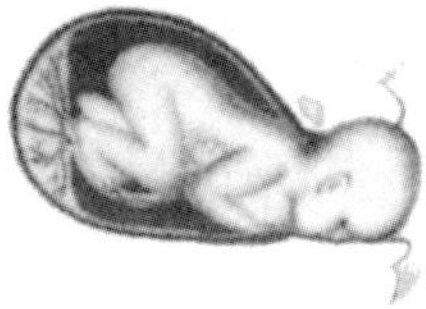 태아의 머리는 밖에서 보였다 안보였다 하는 것처럼 됨.	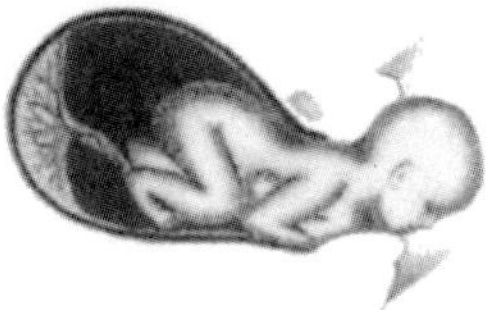 태아의 머리는 밖에서 볼 수 있게 되고 뒤이어 만출됨.	 분만 제3기 경에는 태아가 나온 후 뒤이어 가벼운 진통이 일어나고 태반이 만출됨.
숨을 들이켜 배에 힘을 줌 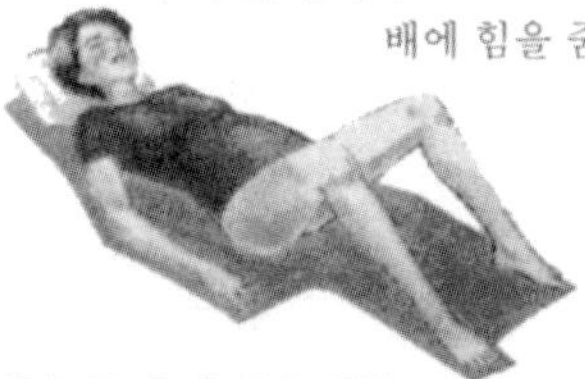 힘을 준 후 휴식을 취함	짧은 호흡 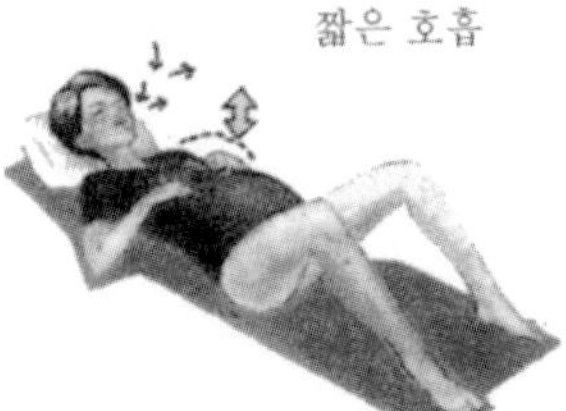	숨을 들이켜 배에 힘을 줌 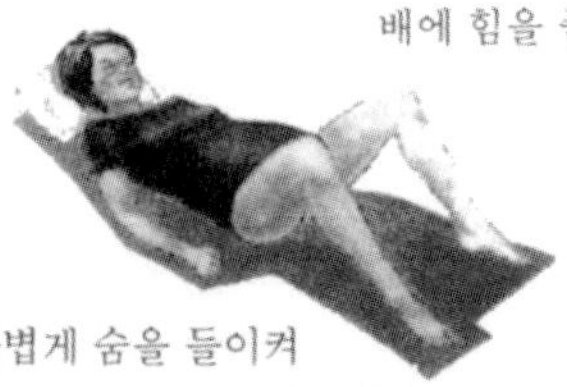 가볍게 숨을 들이켜 배에 힘을 줌
2~1분	만출	태반 만출
턱을 끌어당기고 엉덩이를 바닥에 붙여 몸체를 둥글게하고 숨을 들이켜 배에 힘을 줌. 중간사이에는 힘을 빼 긴장을 풀고 휴식을 취함.	지시가 있으면 곧 숨을 들이켜 배에 힘을 주는 것을 멈추고 짧은 호흡법으로 옮김.	태반이 만출될 때에는 진통에 맞추어 가볍게 숨을 들이키고 배에 힘을 주어 호흡함.

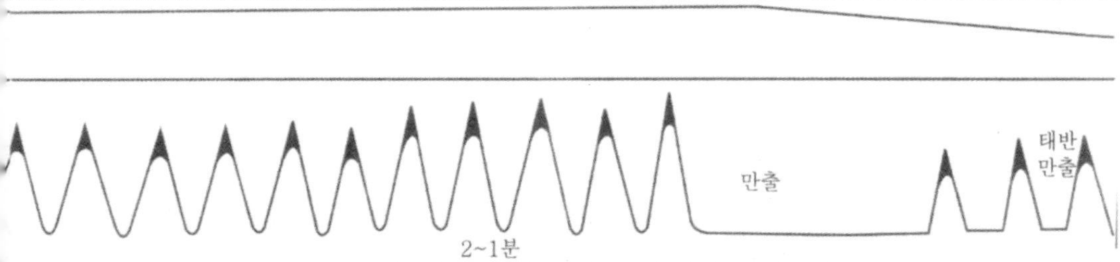

수 있도록 열리게 되는데 자궁구가 완전히 열리기까지는 개인별차이가 있고 자궁문이 완전히 열리면 직경 10~12cm까지 열린다.

제2기(만출기)

자궁구가 크게 열리면서 태아가 만출될 때까지의 시기를 만출기라고 한다. 태아의 머리와 양막 사이에는 양수가 고인 상태 즉, 태포가 형성되고 진통이 있을 때는 이 태포가 커지며, 양막이 터지게 되는데 이를 파수라고 한다. 파수됨에 따라 질벽에서는 양수가 유출되고, 그로 인해 태아의 머리가 아래로 내려오게 된다. 복압을 진통의 발작에 맞추어서 요령 있게 힘을 주면 아기의 머리가 먼저 만출되며 아기의 어깨와 몸통 순으로 만출된다. 탯줄은 아기와 자궁 내의 태반을 연결하고 있는데 탯줄 맥박은 출생 후 잠시 뛰고 있다가 멈추게 되는데 이때에 탯줄을 끊는다.

제3기(후산기)

태아가 만출된 후 태반이 밖으로 나오는 시기를 후산기라고 하며, 강력했던 진통발작은 중지되고 15~30분이 경과된 다음 다시 진통이 일어나는데 이를 후산진통이라 한다. 자궁이 수축함에 따라 자궁벽으로부터 태반이 떨어진 후 복압에 의해 태반이 만출된다. 분만에 따른 경과시간은 개별적인 차이가 있으나 초산인 경우에는 제1기에 10~12시간, 제2기에

2~3시간, 제3기에 15~30분으로 보통은 합계 12~15시간이며, 경산인 경우에는 제1기에 4~6시간, 제2기에 1~1.5시간, 제3기에 10~20분으로 보통 5~8시간이다.

2. 산욕의 생리

분만이 끝난 후 분만에 의한 자궁 내부의 상처가 회복되고 모체의 생식기나 전신성 변화가 임신 이전의 상태로 회복되는 기간을 산욕기라 한다.

산욕기간은 산모건강, 영양상태, 일상생활태도, 수유상태에 따라 다르지만 6~8주 정도가 된다. 산욕기의 여성을 산욕부라고 하며, 이 시기에 모체가 유즙을 분비하고 유아에게 모유영양을 주는 경우, 이를 수유부라고 한다. 출산 전은 복식호흡을 하지만 출산 후에는 흉식호흡을 하는 것이 좋고 산욕 며칠간은 몸에 고인 수분을 제거하기 위하여 땀을 많이 분비한다. 식욕이 증가하지만 장의 운동이 약해지므로 변비가 되기 쉽다. 완전한 자궁수축은 대략 6주일이 걸린다.

제 2 부

수유기의 영양과 건강

제1장 왜 엄마 젖을 먹고 자라야 하는가?

1. 모유 수유의 중요성

모유 수유의 장점

모유영양은 엄마와 아기의 피부접촉을 통해 엄마의 사랑을 아기가 직접 느낄 수 있다는 장점을 가지고 있으며, 아기의 정서적인 발달에 큰 도움을 준다.

모유는 균이 없는 완전 영양이므로 인공영양시 생기기 쉬운 소화기 감염 질환에 대한 염려가 없으며, 알레르기로부터 보호할 수 있다.

아기에게 좋은 점

아기의 성장과 발육에 가장 알맞은 양과 조성의 영양분으로 구성되어 있어 아기의 영양섭취를 충분히 할 수 있도록 하여 준다(표 1-1).

또한 모유는 면역물질을 함유하고 있어 감염으로부터 막아 주며 지능발달에도 영향을 준다.

- 면역성분 : 질병에 대한 저항력(모유 특히 초유) (표 1-2)
- 모유단백질 : 우유보다 단백질 양은 적으나 소화가 잘됨
- 지방(리놀레산, 유화지방) : 소화용이, 성장과 발육(표 1-3)
- DHA 성분 : 뇌세포 발달, 지능 발달
- 나트륨, 칼륨, 인 : 우유보다 함량 적음, 영아 신장에 부담 적음
- 철 : 우유보다 함량은 적으나 흡수율이 높음.
- 비피더스인자 : 장내 병원균 번식 억제, 아기의 장 강화

엄마에게 좋은 점

- 아기와의 정서적인 교감으로 엄마는 행복감과 성취감을 동시에 느낄 수 있다.
- 모유는 먹이기 전에 젖꼭지를 깨끗한 물수건으로 한 번 닦아 주기만 하면 되므로 젖병 수유시 세척, 소독해야 하는 번거로움을 피할 수 있다. 또한 밤중 수유시에도 아기에게 누워서 젖을 먹일 수 있는 편리함이 있다.
- 외출시에도 아기 외에 많은 짐이 필요하지 않으며, 보온에 신경 쓸 염려도 없다.
- 모유로 육아를 하면 배란을 억제하는 호르몬에 의하여 자연피임이 되어 출산간격 조절이 쉽다.

· 옥시토신이 분비되어 자궁을 수축하고 출혈을 멎게 하는 작용을 한다.
· 출산 후의 체중 조절이 쉽다.

표 1-1 한국인 모유의 성분

분만월수	총단백질(g%)	알부민(g%)	락토오스(g%)	총지질(g%)	철(mg%)
1~3일	2.34	0.84	2.80	2.07	0.128
4~10일	2.05	0.67	3.80	2.36	0.121
1~3개월	1.34	0.44	3.28	2.09	0.094
4~6개월	1.46	0.49	4.00	2.24	0.097
7~9개월	1.16	0.45	3.34	2.17	0.091
10~12개월	1.27	0.43	3.10	2.43	0.093
우 유	4.30	0.48	2.33	3.27	0.121

자료: 대한소아과학회(1994), 한국 소아의 정상치.

표 1-2 한국인 모성혈청, 초유, 성숙유의 면역물질의 양

구 분	IgG			IgA			IgM		
mg(%)	혈청	초유	성숙유	혈청	초유	성숙유	혈청	초유	성숙유
	1,874	121.1	40.6	217.2	294.5	53.9	89.8	51.7	20.0

자료: 대한소아과학회(1994).

표 1-3 한국인 모유의 수유기간별 각종 지질 성분 변화

모유의 지질 성분	수 유 일						
	3일	7일	10일	15일	20일	25일	30일
총지질량(g/dl)	2.267	3.037	2.937	3.350	3.950	4.100	3.915
Triglyceride(%)	98.82	99.17	99.27	99.50	99.62	99.54	99.49
Cholesterol(%)	0.59	0.36	0.30	0.16	0.15	0.23	0.25
Phospholipid(%)	0.59	0.47	0.43	0.34	0.23	0.23	0.25

자료: 대한소아과학회(1994).

표 1-4 모유와 우유의 무기질 함량 비교

성분	칼슘 (mg)	인 (mg)	나트륨 (meq)	칼륨 (meq)	염소 (meq)	마그네슘 (mg)	유황 (mg)	탄소 (mg)	철 (mg)	구리 (mg)	아연 (mg)
모유	340	140	7	13	11	40	140	400	30	0.3	1.2
우유	1,250	960	25	35	29	120	300	300	47	1.0	3.8

자료: 대한소아과학회(1994).

모유의 종류

초 유

분만 후 5~7일까지 분비되는 황색의 점질성이 높은 모유로 면역체와 효소의 함량이 높아 장관 감염으로부터 보호한다. 초유는 성숙유보다 지질과 당의 함량이 적고 에너지 함량이 낮으며 단백질 함량이 높다.

이행유

분만 1주일 후부터 성숙유가 분비되기 전까지 분비되는 모유로 성숙유보다 단백질은 더 많고 유당과 지질은 더 적다.

성숙유

분만 후 2주일 후부터 영양성분도 일정한 성숙유로 전환한다. 초유와 성숙유의 성분 비교는 표 1-5와 같다.

2. 유방의 기능과 변화

여성 유방은 임신 중에 구조, 크기, 기능에서 극적인 변화를 일으키는데 전형적으로 크기에 있어 두 배 이상으로 증가하고, 무게는 400~500g까지 증가한다. 많은 수의 새로운 지방세포, 결합조직세포, 혈관, 유관, 유선 및 유포(장래 모유 생

표 1-5 초유와 성숙유의 성분 비교

영 양 소	초유(1~5일)	성숙유(>30일)
에너지(kcal)	58	70
단백질(g)	2.3	0.9
지방(g)	2.9	4.0
유당(g)	5.3	7.0
비타민 A(μg RE)	189	60
비타민 D(μg)	–	0.05
비타민 E(mg α-TE)	1.28	0.32
비타민 C(mg)	4.4	4.0
칼슘(mg)	23	28
인(mg)	14	15
철(μg)	45	40

자료: R. A. Lawrence(1994), *Breastfeeding: A Guide for the Medical Profession*, 4th ed., St. Louis: Mosby.; American Academy of Pediatrics(1993), *Committee on Nutrition, Pediatric Nutrition Handbook*, 3rd ed., EK Grove, IL: American Academy of Pediatrics.

산의 부위)로 구성되어 있다(그림 1-1). 유포들은 작은 관의 가지들로 모유를 분비하고 이들은 더 큰 집합관을 형성한다. 젖꼭지와 유륜 밑에 저장소인 유관팽대부가 있으며 팽대부들은 젖꼭지에 있는 15~20개의 작은 구멍을 통하여 모유를 내보낸다.

임신 후반기에는 유포세포에서 분비작용이 끊임없이 증가하여 초유라는 엷고 노르스름한 액체를 생산하고, 분만 전 수주 내에 유포들은 초유의 축적에 의해 팽창된다. 임신 중에는

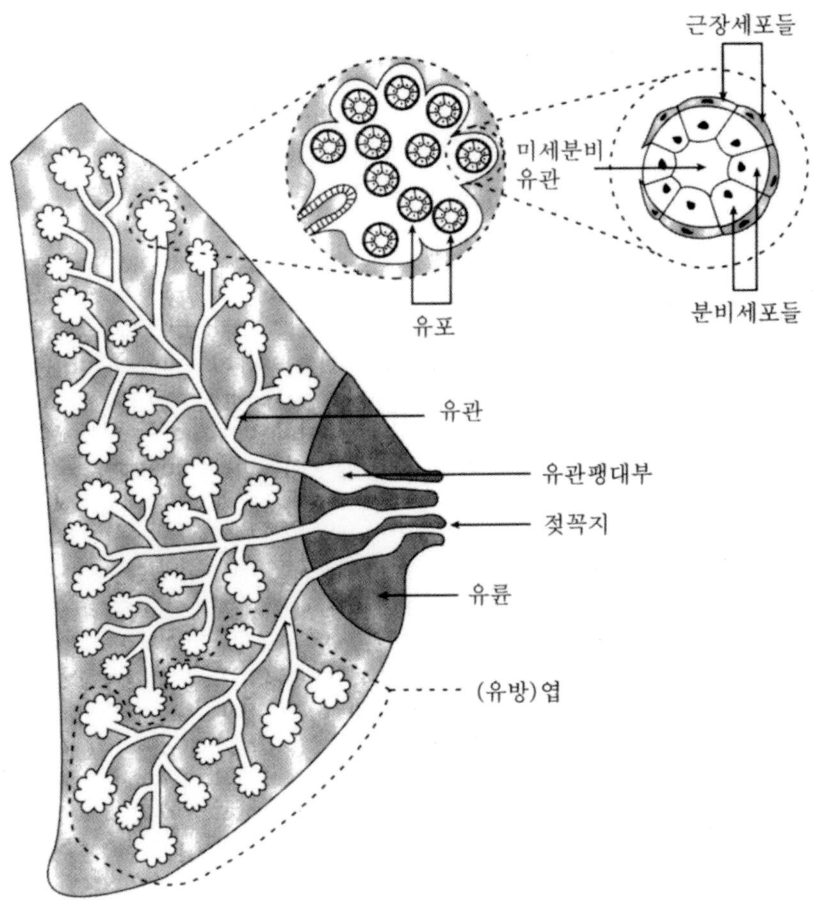

그림 1-1 유방과 유포

자료: N. Kretchmer and M. Zimmermann(2002), *Developmental Nutrition*, Allyn & Bacon, p. 171.

태반에 의해 생산되는 에스트로겐과 프로게스테론에 의해 젖 분비가 억제되기 때문에 성숙유의 분비는 일어나지 않는다.

3. 유즙 분비와 호르몬

분만 후 높은 농도의 프로락틴 분비에 의하여 성숙유 분비를 시작하게 한다. 출산 후 즉시 충분한 수유가 시작되지 않고, 평균 약 48~72시간 지연되어 분만 며칠 후에 유방이 충만감이나 울혈로서 모유 분비의 시작을 느끼는데, 이를 젖이 돈다고 말한다.

영아가 젖을 빨면 모유는 유관으로 빨려 나온다. 이러한 흡유자극은 옥시토신에 의한 모유분출 반사를 자극하여 아기에게 젖을 내주게 된다(그림 1-2). 출산 직후 젖이 분출할 때 모체는 자궁수축을 느끼거나 갈증을 느낀다.

모유영양을 결정하여 모유생산이 계속되면 하루에 800~1,000ml의 모유를 분비한다. 모유분비량은 개인차가 있으나 영아의 수유 횟수, 흡유능력, 수유부의 정신적·신체적 상태에 따라 달라진다. 모유영아가 체중증가가 미약하거나 성장부진한 경우, 영아의 영양적 필요량이 만족하지 못하거나 모유섭취의 부족에 의하기도 한다(그림 1-3). 유니세프(UNICEF)에서 규정한 성공적인 모유수유를 하기 위한 지침 10가지는 표 1-6과 같다.

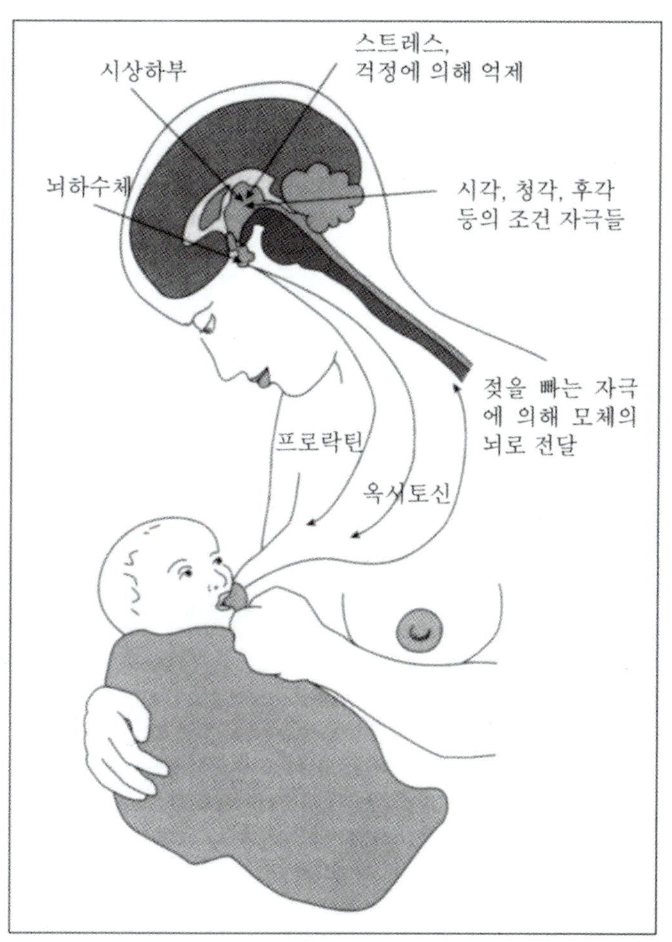

그림 1-2 모유가 나오는 과정

자료: N. Kretchmer and M. Zimmermann(2002), p. 177.

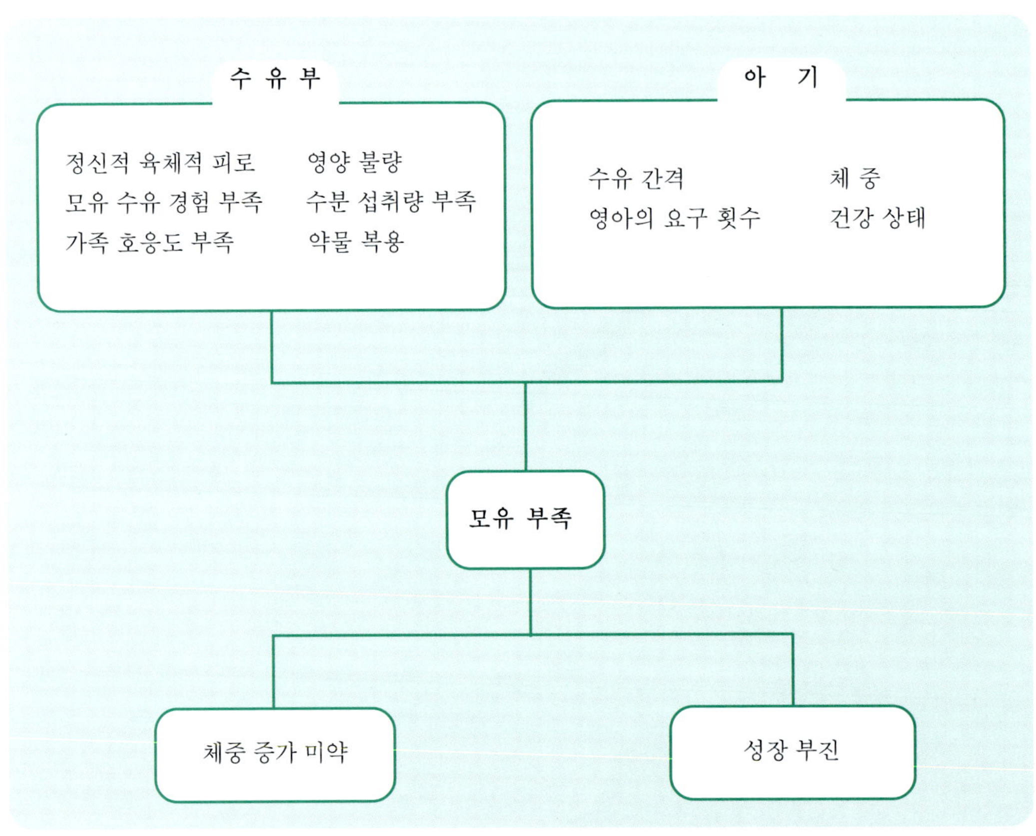

그림 1-3 모유 부족의 원인

표 1-6 성공적인 모유 수유의 10단계

산모와 신생아 관리를 하는 모든 시설은

1. 문자화된 모유 수유 정책을 갖고 있어야 하며, 모든 의료진에게 일상적으로 전달되어야 한다.
2. 이 정책이 실현되는 데 필요한 기술을 모든 의료진에게 훈련시켜야 한다.
3. 모든 임신부에게 모유 수유의 장점과 관리에 대해 알려야 한다.
4. 아기가 태어난 지 30분 안에 모유 수유를 시작하도록 어머니를 도와야 한다.
5. 어머니에게 어떻게 모유를 수유하는지 보여주어야 한다. 아기와 떨어져 있어야 할 경우 어떻게 계속 모유를 먹일 수 있는지 알려주어야 한다.
6. 의학적으로 지시된 사항이 아니면, 신생아에게 모유 이외에 다른 식품이나 음료수를 주어서는 안 된다.
7. 어머니와 아기를 하루 24시간 동안 함께 있게 해야 한다.
8. 아기의 요구에 따라 모유를 수유하도록 격려해야 한다.
9. 모유를 먹는 아기에게 인공 젖꼭지를 주어서는 안 된다.
10. 모유 수유 지지 집단을 육성하고 모체가 병원이나 진료소에서 퇴원할 때 그들에게 알려야 한다.

자료: UNICEF(1990), *Nutrition Cluster(H-8F), Inocenti Declaration on the Protection*, Promotion and Support of Breastfeeding Florence, Italy.

4. 유방 관리

유방의 변화

임신을 하게 되면 호르몬의 영향으로 유방이 커진다. 이는 출산 후 아기에게 모유를 공급해 주기 위한 자연적인 준비이고 임신 초기에 모유분비조직이 커지면서 젖꼭지 주변의 색상이 넓어지고 진해진다.

임신 중에는 젖꼭지 주변에 피부를 보호하는 유액물질이 생산되고 15~20개의 유즙이 나오는 작은 구멍이 있어 지나치게 문질러 씻지 않는 것이 좋다.

유두 교정

임신 중기까지 유두가 불돌출, 납작, 편평하거나 쏙 들어가 있다면 빨리 교정을 시작해야 한다. 이런 유두는 아기가 빨 수 없는 상태이므로 모유 영양이 불가능하다. 그러나 임신중에 유축기나 손가락으로 꾸준히 빼낸다면 대부분 교정이 되므로 걱정할 필요는 없다.

유방 마사지

임신 중기부터 유방 마사지를 시작하는 것이 좋고 베이비 오일이나 콜드크림 등을 바르고 젖꼭지를 손가락으로 잡아 빼는 행동을 5~10분 정도 반복하면 된다. 유두의 자극은 자궁수축을 일으키므로 피하도록 한다.

수유시에는 유두 주변을 소독수(끓여서 식힌 물)로 깨끗이 씻은 후 먹이도록 한다. 젖꼭지에 상처가 생겼을 때 불결하면 세균이 들어가서 유선염, 즉 젖유종이 일어날 수가 있으므로 항상 세심한 주의를 기울여야 한다.

5. 모유 수유를 효과적으로 돕는 방법

- 엄마가 가장 편안하고 안정된 기분을 가지고 아기에게 젖을 먹일 준비를 한다.
- 깨끗한 물수건으로 유륜과 젖꼭지를 닦는다.
- 아기를 편안한 자세로 안는다(그림 1-4).
- 아기의 볼 부분을 젖꼭지나 손가락으로 자극해 아기가 유두를 찾도록 한다.
- 유두를 아기 입 깊숙이 넣어 유륜 부분까지 물도록 한다(그림 1-5).
- 한쪽 젖을 다 물린 후에 다른 한쪽을 물린다.
- 수유 도중에 아기가 잠이 드는 경우에는 젖꼭지를 살짝 빼보거나 볼을 자극하는 방법으로 아기를 깨워 젖을 충분하게 먹이는 것이 좋다.
- 모유를 먹인 후에 트림을 반드시 시켜야 한다.

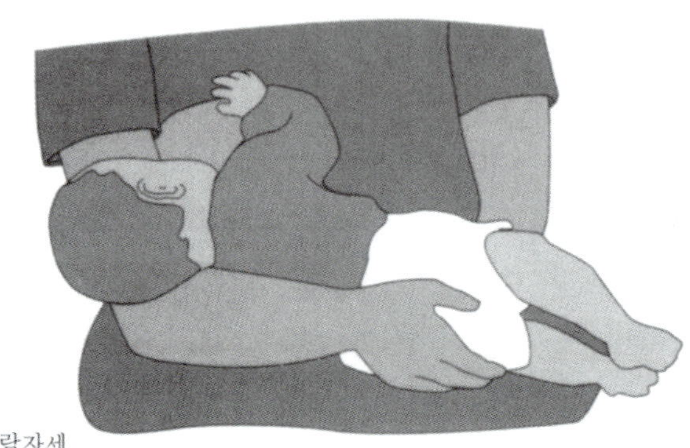

요람자세

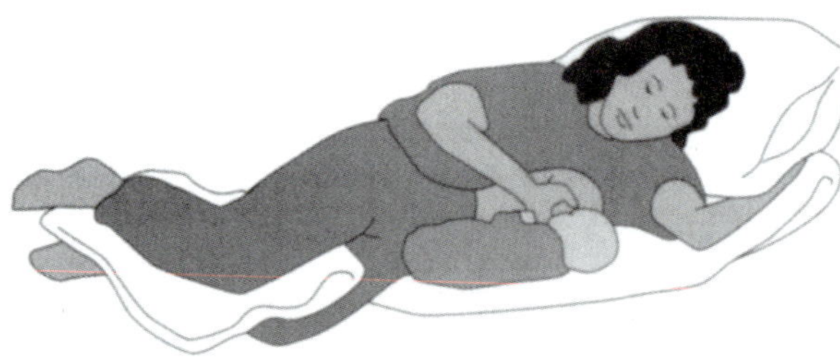

옆으로 눕는
자세

클러치 자세

그림 1-4 모유 수유 자세

자료: N. Kretchmer and M. Zimmermann(2002), p. 267.

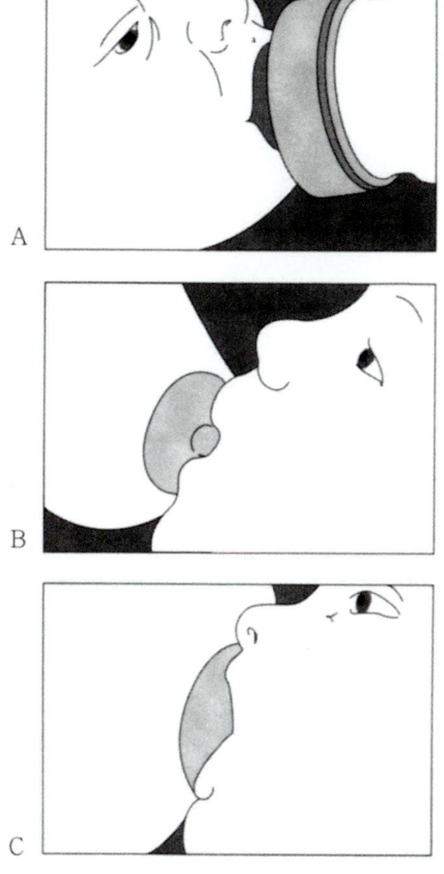

A. 인공수유
B. 인공수유처럼 빠는 방법
C. 유륜이 영아 입 속에 있음.

그림 1-5 젖 빠는 방법
자료: E. Helsing and F. S. King(1983), *Breastfeeding in Pratice*, Oxford: Oxford University Press.

제2장 수유부는 어떻게 영양 관리를 해야 하는가?

1. 수유부의 영양 필요량

수유 여성의 영양 필요량은 모유생성과 직접적으로 관련된다. 우리나라 여성의 1일 모유분비량은 750㎖/일 정도로 분비된다.

수유부의 일일 에너지 권장량은 320kcal가 추가된 2,420kcal이며, 단백질은 25g이 추가되어 일일 권장 섭취량이 70g이다. 또 모체의 칼슘평형 유지와 모유 분비에 필요한 칼슘을 고려하여 하루에 1,100mg 섭취를 권장하고 있다. 수유부에 요구되는 영양소의 양은 엽산과 철분을 제외하고는 대체로 임신부에 요구되는 양보다 많다. 한국인 수유부를 위한 영양권장량은 표 2-1과 같다.

표 2-1 수유부의 영양권장량

영양소	연령(20~29세)	수유부
에너지(kcal)	2,100	+320
단백질(g)	45	+25
식이섬유질(g)	25	+4
수분(mℓ)	2,100	+700
비타민A(μgRE)	650	+500
비타민D(μg)	5	+5
비타민E(mg α-TE)	10	+3
비타민K(μg)	65	+0
비타민C(mg)	100	+35
비타민B_1(mg)	1.1	+0.4
비타민B_2(μg)	1.2	+0.5
니아신(mg NE)	14	+4
비티민B_6(mg)	1.4	+0.7
엽산(μgDFE)	400	+150
비타민B_{12}(μg)	2.4	+0.2
판토텐산(mg)	5	+2
비오틴(μg)	30	+5
칼슘(mg)	700	+400
인(mg)	700	+0
나트륨(g)	1.5	+0
염소(g)	2.3	+0
칼륨(g)	4.7	+0.4
미그네슘(mg)	280	+0
철(mg)	14	+0
아연(mg)	8	+5.0
구리(μg)	800	+450
불소(mg)	3.0	+0
망간(mg)	3.0	+0
요오드(μg)	150	+180
셀레늄(μg)	50	+11

2. 수유부의 영양관리 지침

산후 피로회복, 건강회복, 수유, 육아활동을 위해 영양섭취를 해야 하지만 보약, 보양식을 너무 많이 섭취하면 비만을 초래하거나 신체 각 기능의 균형을 깰 수 있으므로 주의한다.

· 영양적으로 균형된 식사
· 한끼 식사량 증가보다 부족분을 간식으로 보충
· 양질의 단백질 섭취
· 비만이 되지 않게 영양과잉 예방
· 매일 유제품을 3회 이상 섭취
· 지질, 포화지방, 콜레스테롤이 낮은 식사 선택
· 갈증을 예방하기 위해 충분한 액체(우유, 주스, 물, 수프) 섭취
· 커피, 콜라 등 카페인 급원 식품을 매일 2회 이하로 섭취
· 알코올성 음료는 되도록 삼가

3. 수유부의 식생활 관리

영양상태가 양호한 대부분의 경우에는 수유기간 중 식품 및 영양 섭취상태가 모유 생산량과 조성에 거의 영향을 끼치지 않는다. 즉 수유기간 중 모체의 대사는 모유생성에 우선순위를 두고 있기 때문이다. 한편 영양상태가 상당히 불량한 경우에는 유즙 생성량과 모유의 성분 조성에도 영향을 준다고

보고되었다.

따라서, 수유를 하는 여성은 충분한 양의 질 좋은 모유를 생성하기 위해 에너지와 영양소를 충족하는 식생활을 해야 한다. 오염되지 않은 깨끗한 식품으로 정성을 담아 조리한 음식을 먹는다는 자세가 중요하다. 수유부가 균형 있는 식사를 적절히 하는 경우에는 비타민과 무기질 보충제의 복용은 권장되지 않는다.

이 외에 수유부는 커피, 음주, 흡연, 약물복용 등 건강 관련 요인 등에 주의를 기울여야 한다.

채식주의자

순수 채식주의자의 경우에는 에너지와 단백질의 추가 필요량을 충족시키기 위해 두류, 견과류, 곡류, 채소류의 섭취를 늘려야 한다. 특히 순수 채식주의자는 우유섭취도 제한하므로 칼슘 함량이 높은 녹색 채소류와 칼슘강화식품을 충분히 섭취해야 한다. 아울러 비타민 B_{12}의 보충이 권장된다.

오염물질

모체가 중금속, 약물, 환경호르몬, 바이러스 등 오염물질에 노출되면 이들 일부가 모유로 들어가 아이에게 전달될 수 있다. 특히 환경공해물질은 생활 주변에 널리 분포되어 있고 생체내외에서는 잘 분해되지 않고, 배설도 되지 않아 체내에 축적이 된다.

예로는 PCB(polychlorinated biphenyls), DDT(dichlorodiphenyl trichloroethane), 다이옥신 등을 들 수 있으며, 이 물질이 모유에서 발견된다.

최근에는 수유용 기구에서 환경호르몬 물질이 검출됨에 따라 사회적으로 문제가 되기도 하였다.

카페인 섭취

수유부가 커피나 카페인을 함유한 음료나 약물을 복용하면 이 성분이 아이에게도 전달된다. 아이의 카페인 대사는 느리게 일어나기 때문에 체내에 보유하는 시간이 성인에 비해 길어지게 된다.

따라서 아이는 흥분이나 각성 상태가 될 수 있으므로 수유 여성이 카페인 음료를 과량 섭취하는 것은 바람직하지 않다.

음 주

수유부의 알코올 섭취는 유즙 생성을 저해한다. 뿐만 아니라 아이를 알코올에 노출시키게 된다. 알코올은 옥시토신 분비를 저하시켜 유즙 분비에 영향을 주게 된다. 에탄올은 모체의 혈액으로 들어가 영아가 이런 모유를 섭취하면 기면증을 보이고, 오래 지속되면 신경과 근육 발달이 지연되어 결국 성장발육을 저해하게 된다.

흡 연

수유기간 중의 흡연은 모유 생성량을 감소시킨다. 흡연은 아드레날린 분비를 자극하고 옥시토신 분비량을 감소시킴으로 인해 모유 생성량이 감소된다.

흡연 여성에게서 양육되는 영아는 젖 빨기를 거부하고, 구토증, 기면증, 배뇨와 배변 장애가 나타날 수 있다. 직접흡연뿐만 아니라, 간접흡연도 간과해서는 안 된다.

제3장 조제유란 무엇인가?

1. 조제유의 개발과정과 모유 수유율

모유 수유의 역사적 경향은 조제유의 개발과 함께 변화가 많았으며 이는 구미 선진국과 개발도상국의 상황이 크게 달랐다.

구미 선진국의 경향

모유는 신생아의 유일한 영양 공급원이었다. 일찍이 고대에서부터 모유 대체품을 찾으려는 노력이 있었고 고대 이집트, 그리스 문헌에도 조제된 식품이나 동물의 젖을 먹인 기록이 있다. 1500년에서 1700년대 유럽의 중상류 계층 여성은 유모를 고용하는 일이 있었으나 1700년대 후반에 유모의 도덕적 특징, 건강 문제로 인해 유모 고용이 감소되고 모유 수유가 시작되었다. 19세기 후반과 20세기 초반 산업 혁명의 영향으로 대가족 붕괴, 대도시로의 이주, 여성의 노동력 투입 등으로 인하여 모유 수유의 의지가 저하되었다. 이와 동시에 조제의 개발, 고무 젖꼭지가 달린 유리병, 냉장고의 개발은 조제 수유를 용이하게 하는 계기가 되었다. 따라서 전통적인 여성으로부터 자유를 원하던 많은 여성, 교육을 받은 상류층 여성에게 조제유 수유는 매력적인 것으로 받아들여졌다. 이런 요인들로 인해, 1970년대 미국의 모유 수유율은 감소하였다. 그러나 그 이후 모유 중의 잠재적인 면역학적 특징, 생체 이용율의 특징 등이 영아에게 주는 건강상의 이점이 과학자들에 의해 밝혀짐으로써 자연스럽게 모유 수유를 하기 시작하여 1972~1982년에 모유 수유는 급격히 증가하여 60% 이상이 되었다.

개발도상국

개발도상국에서는 20세기 중반까지 모유 수유가 거의 대부분이었다. 그러나 선진국에서 조제유가 개발된 후 개발도상국에도 서구 의료진의 교육을 받은 의료진들이 조제유의 사용을 부추겼다. 또 선진국 구호사업의 일환으로 잉여 유제품이 개발도상국으로 전달되었고 다국적 식품회사는 잠재 시장인 이들 나라에 무료로 공급하기도 하였다. 역시 개발도상국에서도 생활양식의 변화, 현대화, 도시화, 확대 가족의 붕괴 등으로 인해 어머니의 사회 참여가 많아지면서 서구 생활양식이 모델로 인지되기 시작하였다. 이러한 변화로 인하여 1970

년까지 개발도상국의 모유수유율은 급격히 감소하였다. 그러나 선진국에서와는 달리 개발도상국의 경우 조제 수유 영아는 높은 감염률과 영아 사망률을 보였다. 조제유에는 면역학적 성분과 건강 증진 성분이 부족할 뿐 아니라 개발도상국의 특성상 음료수의 오염, 비위생적인 물로 우유병 세척, 박테리아, 기생충 감염 등으로 인해 영아 사망률이 높아 개발도상국에서는 큰 대가를 치러야 했다. 더욱이 주민이 문맹이어서 조제유를 타는 방법에 익숙지 않아 묽은 조제유를 만들어 먹임으로써 영아는 영양 부족과 성장 장애를 일으킨 것으로 알려졌다. 따라서 1970년대 후반 조제유 수유 정책은 재고되었고 새롭게 모유 수유를 강조하게 되었다.

1979년 국제 기구(WHO, UNICEF)에서 모유 수유 지지를 위한 지침을 발표하였고 소비자를 대상으로 조제유 광고를 금지하도록 하였다(표 3-1). 이로 인해 각 나라들은 우유병, 조제유 광고 등을 강력히 금지하고 모유 수유의 장점을 국민에게 널리 홍보하여 모유 수유가 증가하도록 노력해 왔다.

2. 영아용 조제유의 종류

영아용 조제유는 모유에 가장 가깝도록 만들어지고 있다. 모유 수유를 강력히 추천함에도 불구하고 우리나라의 모유 수유율은 10%로 아주 저조하다. 따라서 많은 영아들이 조제

표 3-1 세계보건기구(WHO)의 조제유 유통시 지침

· 일반 대중에게 조제유를 광고하지 않는다.
· 무료 시제품을 산모에게 나누어주지 않는다.
· 보건소와 병원 등 의료기관에 시제품을 제공하지 않는다.
· 조제유 회사에 근무하는 간호사는 산모에게 조언하지 않는다.
· 보건의료인에게 선물이나 시제품을 주지 않는다.
· 조제유 영양이 좋다는 느낌을 주는 사진이나 문구를 제품에 표시하지 않는다.
· 보건의료인에게 제공하는 정보는 과학적이고 사실이어야 한다.
· 조제유 영양에 관한 정보를 제공할 때 모유 영양의 장점과 함께 조제유 영양에 따르는 경제적 부담과 부작용의 가능성에 대해서 설명해 준다.
· 농축우유나 연유 등 영아에게 적절하지 않은 제품을 권하지 않는다.
· 모든 조제유는 고품질이어야 하고 저장조건을 반드시 지켜야 한다.

유에 의해 전적으로 또는 부분적으로 영양원을 공급받아 성장하고 있다.

그러므로 조제유의 영양학적 가치는 매우 중요하며 그 무엇보다도 성분 면에서는 모유에 가장 가깝게 만들려고 노력해 왔으며 조제분유로 큰 아이는 모유 수유아와 차이 없이 적절한 성장을 한다고 한다. 그러나 모유의 장점인 영양소의 생체이용률, 면역력은 조제유 부분에서 연구되어야 할 주요 과제이다.

이러한 조제유의 문제점을 해결하기 위해 몇몇 영양소의 함량이 모유의 성분보다 다소 높게 들어 있다. 따라서 전세계적으로 조제유의 영양소 구성을 WHO에서 규정하고 있어 1980년 이후부터는 영양소 함량, 질에 대한 많은 규제를 두고 있다.

최근에 시판되는 조제유는 예전에 비해 아주 우수해졌다. 예를 들면 잘 소화되지 않는 우유단백질인 카제인(casein)을 소화가 용이하도록 하였으며, 유청단백질(whey protein)이 소화가 잘되므로 카제인과 유청단백질의 비율을 모유의 비율과 가깝게 만들었다. 비타민과 무기질의 함량도 철저히 규제하고 있다. 철분강화 조제유를 추천하고 있는데 모든 조제유가 철분 강화제품이 아니므로 소비자는 구입시 표시를 잘 확인하도록 한다.

우유 조제유

우유 조제유(standard infant formula)는 우유를 원료로 한 것으로 건강한 영아에게 가장 널리 권장되는 제품이다. 우유의 지방 대신에 식물성 기름으로 대체하여 여기에 유당, 비타민, 무기질 등을 첨가하여 에너지양이나 영양소 함량에 있어 모유에 가장 가깝도록 만드는 것이다(표 3-2).

일반적으로 조제유는 주요 당질로 유당을 포함하여 모유, 조제분유 모두 필수지방산과 더불어 주요 에너지 급원이다. 모유의 단백질에는 유청단백질과 카제인의 비율이 80:20으로 소화가 용이한 유청단백질이 많다. 어떤 조제유에는 그 비율이 20:80으로 들어 있어 소화에 어려움이 있으

표 3-2 영아용 조제유의 영양소 구성(100kcal)

영 양 소	범 위	
	최 소 치	최 대 치
단백질(g)	1.8	4.5
지질(g)	3.3(에너지의 30%)	6
필수 지방산 (리놀레산, mg) 함유	300(에너지의 2.7%)	(에너지의 54%)
비타민		
A(IU)	250	750
D(IU)	40	100
K(μg)	4	
E(IU)	0.7(0.5mg) 최소한 0.71U(0.5mg)/g 리놀레산(g)	
C(mg)	8	
B_1(μg)	40	
B_2(μg)	60	
B_6(μg)	35(15μg/g 단백질(g))	
B_{12}(μg)	0.15	
니아신(μg)	250(또는 0.8mg 니아신 당량)	
엽산(μg)	4	
판토테닌산(μg)	300	
비오틴(μg)	1.4	
콜린(mg)	7	
이노시톨(mg)	4	

영 양 소	범 위	
	최 소 치	최 대 치
무기질		
칼슘(mg)	60	
인(mg)	30	
마그네슘(mg)	6	
철(mg)	0.15	2.5
요오드(μg)	5	25
아연(mg)	0.5	
구리(μg)	60	
망간(μg)	5	
나트륨(mg)	20	
칼륨(mg)	80	60
염소(mg)	55	200
세레늄(μg)	3	150

* 최대치가 없는 곳은 독성이 잘 밝혀지지 않은 것이지만, 과량시 부작용이 일어날 수 있다.
자료: AAP(1993).

므로 최근에는 유청단백질을 더 첨가하여 40:60의 비율로 만들고 있다. 이러한 조제유는 건강한 영아뿐 아니라 미숙아에게도 적절한 것으로 알려지고 있다.

최근에는 모유에서 타우린(taurine) DHA가 발견됨에 따라 조제유 회사에서는 모유에 함유되어 있는 만큼의 타우린 또는 DHA를 조제유에 첨가하기 시작했다.

두유 조제유

두유를 원료로 한 것으로 우유 단백질을 소화하지 못하는 영아 또는 우유 알레르기가 있는 영아를 위해 만들어진 조제유이다. 우유 조제유를 먹는 아이가 일시적으로 젖을 토하거나 설사를 하는 경우에도 사용할 수 있다.

우유 조제유나 두유 조제유로 키운 아이들은 성장 면에서는 차이가 없는 것으로 보고되었다.

단백질 가수분해 조제유

우유 조제유 또는 두유 조제유를 소화하지 못하는 영아를 위해 만들어진 것으로 단백질을 가수분해 시켜 만든 조제유이다. 이 조제유는 단백질 가수분해 과정에서 생긴 물질에 의해 맛과 냄새가 좋지 않아 영아가 거부하기도 하고 가격이 비싼 것이 단점이다.

그 밖에 미숙아, 알레르기가 있는 영아, 선천성 대사 이상증이 있는 영아를 위한 특수 조제유가 있다.

특수 조제유

유당불내증, 미숙아, 대사이상증이 있는 영아에게는 일반 조제유가 적당하지 않으므로 특수 조제유를 먹여야 한다.

대표적인 예로는 페닐케톤뇨증 조제유, 갈락토오즈혈증 조제유, 단풍시럽뇨증 조제유 등이 있다.

유당불내증

유당을 소화시키지 못하는 신생아에게는 두유 조제유가 좋다. 이 두유 조제유는 유당 대신에 대두 단백질, 콘시럽, 서당으로 만들었다. 이는 설사 등에 의해 일시적으로 락타아제(lactase)가 결핍되어 유당을 소화시키지 못하는 경우에도 좋고 채식주의자들에게는 최선책으로 주어질 수 있다.

우유에 알레르기가 있는 아이들은 종종 대두단백질에도 알레르기가 있을 수 있다. 식품알레르기, 만성적으로 설사를 하는 경우에는 단백질 가수분해 조제유를 먹여야 한다. 이는 카제인을 가수분해시켜 아미노산이나 더 작은 펩타이드로 분해하여 흡수를 쉽게 하도록 한 것이다. 그리고 지방의 흡수를 돕기 위해서는 중간사슬지방산으로 대체하였다. 그러나 이것은 값이 비쌀 뿐 아니라 맛이 없는 단점이 있으나 우유, 대두가 적당치 못한 경우에는 이것을 사용해야 한다.

미숙아를 위한 조제유

미숙아는 소화능력이 아주 미약하다. 따라서 미숙아를 위해 특수하게 만들어진 조제유는 락토오스(lactose)와 글루코오스(glucose)를 당의 원료로 하며, 중간사슬지방산(MCT)과 다가불포화지방산(PUFA)을 지방급원으로 한 것이다. 특수조제분유는 유청과 카제인의 비율을 60:40으로 맞추어야 한다.

또한 미숙아는 건강한 아이에 비해 더 많은 영양소를 필요로 하므로 일반 조제유에 비해 고단백, 고농도의 비타민, 무기질이 포함되어야 한다. 그리고 미숙아는 간의 시스타티오나제(cystathionase) 효소가 없기 때문에 시스테인(cysteine)이 필수아미노산이다.

이와 같이 조제유의 종류가 다양하므로 신생아의 건강 상태, 질병 유무에 따라 가장 적합한 조제유를 선택하여

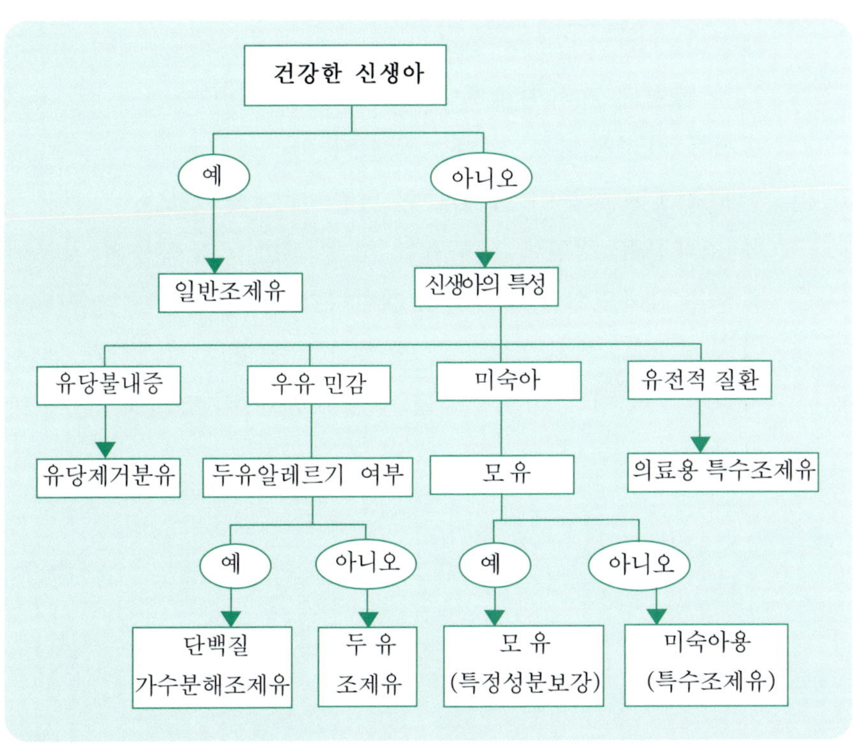

그림 3-1 조제분유의 선택

자료: S. R. Rolfs et al.(1998), *Life Span Nutrition*, Wadsworth Publishing Company, p. 186.

공급해야 하며 그 선택의 과정을 그림 3-1에 나타내고 있다.

생우유의 소개

영아에게 생우유를 먹이는 시기에 관해서는 오랜 기간 동안 학자들 간에 이견이 있었다. 미국소아과의사협회(AAP)에서는 최근 생우유를 영아에게 먹이는 시기는 영아 연령 12개월이라고 권장하고 있다.

그 이전에 특히 6개월 전에 생우유를 주면 장내 출혈, 철분 결핍을 가져올 수도 있다고 밝혔다.

우유에는 철분이 적게 들어 있으며, 더욱이 모유나 철분강화 조제분유 대신에 생우유를 주게 되면 곡류식품의 철분이용률을 떨어뜨리는 결과를 초래한다. 또한 생우유는 칼슘(Ca)이 높고 비타민 C가 낮으므로 철분의 흡수를 저해하게 된다. 따라서 1년 이내에 생우유를 주는 것은 여러 면으로 볼 때 바람직하지 못하다.

제 3 부

영유아기의 영양과 건강

제1장 영아는 얼마나 빨리 자라는가?

1. 영아의 신체 발달

영아라 함은 출생 후부터 만 1세까지를 의미한다.

이 시기 동안 영아의 성장발달 속도는 놀라울 정도로 빠르다.

영아는 출생 후 새로운 환경에 적응하는 동안 출생시 체중의 5~10%의 생리적인 체중 손실이 온다. 곧 체중은 회복이 되며 대부분의 영아는 생후 4개월이면 출생시 체중의 2배가 되고, 만 1세가 되면 3배가 된다.

신장은 1세가 되면 출생시의 50%가 증가한다. 만약 이러한 성장속도로 계속 이어진다면 10세 어린이의 키는 10층 높이에 해당되며 몸무게는 220톤에 이를 것이다. 이와 같이 영아기의 성장속도는 아주 놀라울 정도로 빠른 것이다. 그러나 그 후 영아의 성장속도는 느려져 성장속도가 둔화되는데, 이러한 현상은 청소년기, 사춘기 전까지 지속된다.

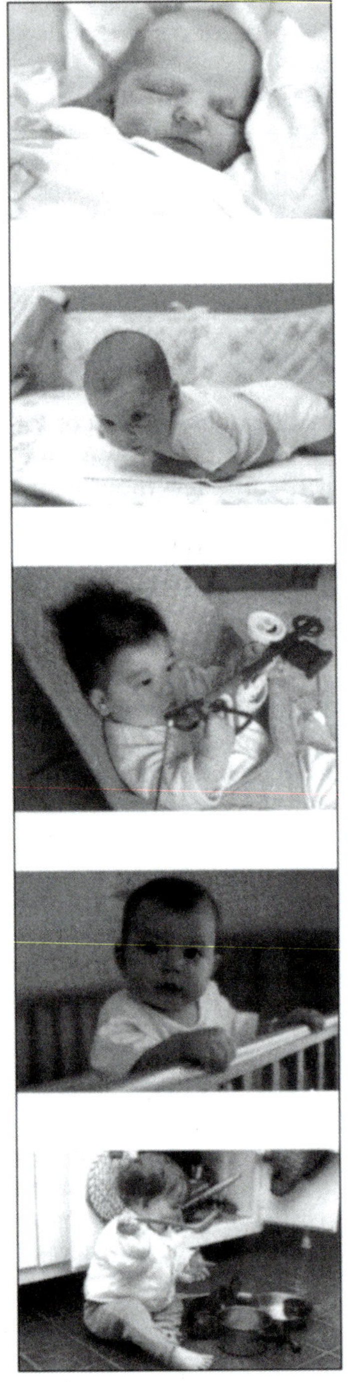

출생 첫째날

체중은 3.3~3.4kg, 신장은 약 50cm이며 머리가 상대적으로 크다. 아이는 쉽게 놀라고 재채기와 딸꾹질을 하며 젖을 자주 토한다.

1개월

출생 직후 잃었던 체중을 회복하고 체중이 는다. 아이를 엎어 놓았을 때 머리를 드는 시도를 하며 아이를 만지거나 안을 때 몸 전체를 움직인다. 2~3시간 간격으로 먹는다.

4개월

체중이 출생시의 2배가 되며, 키는 60~65cm에 이른다. 아이의 눈은 물체를 따라 가며 손으로 잡고, 입으로 가져 가려 한다. 뒤집기를 시도하며 수유시 깨어 있는 시간이 길어진다. 하루에 7~8번 먹고 밤에는 6~7시간씩 잔다.

8개월

체중, 신장의 성장속도가 약간 느려지고 식욕이 떨어진다. 뒤집기를 하고 앉기도 하며 붙잡고 선다. 물체를 확인하고 움켜쥔다. 이가 한두 개 나고, 낮잠은 두 번 자며, 우유병을 혼자 들고 먹는다.

12개월

체중은 출생시의 3배가 되며 신장은 50% 정도 증가한다. 손가락으로 물체를 쥐었다가 놓았다 한다. 수저를 들고 먹지만 아직 사용이 미숙하다.

그림 1-1 0~1세의 성장 발달

자료: J. E. Brown(1999), *Nutrition Now*, Wadsworth Publishing Company.

발육표준치

최근 대한소아과협회는 1998년 한국 소아 발육표준치를 발표하였다(표 1-1).

신체 발육표준치는 신장, 체중, 두위, 흉위를 계측하여 남녀별 각 연령층의 표준치를 평균치와 표준편차로 제시하고 있다. 평균치±2SE에 이르는 범위에 속하면, 즉 평균치 −2SE ~ 평균치 +2SE에 이르면 정상범위에 있는 것으로 본다. 다만 나머지 하위 2.5%, 상위 2.5%는 너무 작거나 너무 크므로 비정상으로 보는 것이다.

퍼센타일

퍼센타일(percentile), 백분위는 같은 성, 같은 연령의 신체계측치를 작은 것에서 큰 것의 순서로 놓았을 때 전체를 100으로 보면 몇 번째에 위치하는가를 나타내주는 것이다. 신체발육표준치는 그림 1-2에서 보듯이 3, 10, 25, 50, 75, 90, 97퍼센타일로 나열되고 있다. 이 표에 의하면 3퍼센타일에서 97퍼센타일에 이르면 정상범위에 속한다고 보며, 3퍼센타일 이하면 비정상적으로 너무 작다는 것을 의미하고 97퍼센타일 이상이면 너무 큰 것으로 비정상적인 범위에 있다는 것을 의미하게 된다.

어린이의 성장, 발달은 성장곡선상에서 키나 몸무게의 증가를 살펴봄으로써 알 수 있다. 퍼센타일은 7개의 곡선으로 구분된다(95, 90, 75, 50, 25, 10, 3). 퍼센타일은 단순히 성별과 연령에 맞추어 100명의 동료 가운데 몇 번째 속하는 것을 표시하는 것이다. 예를 들면, 성주의 키가 그 연령의 90퍼센타일에 놓인다는 것은 성주는 같은 연령의 아이 100명 가운데, 10명보다는 작고 89명보다는 크다는 것을 의미한다. 50퍼센타일의 아이는 평균으로 볼 수 있으며 50명의 아이는 더 크고, 49명이 더 작다는 것이다. 0~36개월의 어린이가 정상적으로 성장할 때 신장과 체중에 대한 성장곡선이 있다(그림 1-2). 아이마다 각자의 퍼센타일이 있으며 그 곡선상에 놓이면서 꾸준히 성장해 나가야 할 것이다. 만약 아이가 그 성장곡선상에서 이탈하게 되면, 아이에게 건강상에 또는 영양상의 문제는 없는가를 살펴보아야 할 것이다.

체중 증가가 적절치 못하든지, 너무 많거나 할 때도 문제일 수 있다. 다만, 미숙아로 태어난 경우에는 2~3년 사이에 따라잡기 성장이 올 수 있으므로 이런 경우는 퍼센타일을 뛰어 넘을 수 있다. 연령에 대해 키가 커지는 것은 크게 놀랄 일이 아니나, 키에 대한 체중이 85퍼센타일을 뛰어넘을 때는 조심해야 한다. 일반적으로 키에 대한 체중률이 85퍼센타일이면 과체중으로 보며, 95퍼센타일이 넘으면 비만으로 간주한다.

성장곡선

영아가 꾸준히 성장한다는 것은 정상아인 동시에 영아에게 제공되는 영양이 충분하다는 것을 의미한다. 성장발달은 아이들에 있어 일정하게 이루어지는 것이 아니다. 아이마다 정

표 1-1 한국 소아 발육 표준치

남아								연령	여아							
체중(kg)		신장(cm)		두위(cm)		흉위(cm)			체중(kg)		신장(cm)		두위(cm)		흉위(cm)	
M	SD	M	SD	M	SD	M	SD		M	SD	M	SD	M	SD	M	SD
3.40	0.5	50.8	2.6	34.6	1.7	33.4	1.9	출생시	3.30	0.5	50.1	2.5	34.1	1.6	33.1	1.9
4.56	0.6	55.2	2.6	37.3	1.5	36.7	2.2	1(1~2)개월	4.36	0.6	54.2	2.6	36.6	1.5	36.1	2.3
5.82	0.8	59.0	3.1	39.2	1.6	39.7	2.5	2(2~3)개월	5.49	0.7	58.0	2.8	38.5	1.5	38.9	2.4
6.81	0.8	62.5	2.7	40.7	1.5	41.7	2.2	3(3~4)개월	6.32	0.7	61.1	2.6	39.9	1.5	40.6	2.2
7.56	0.9	65.2	2.6	41.9	1.4	42.7	2.3	4(4~5)개월	7.09	0.8	63.8	2.4	41.0	1.3	41.7	2.2
7.93	0.9	66.8	2.8	42.8	1.6	43.4	2.2	5(5~6)개월	7.51	0.8	65.7	2.7	41.9	1.5	42.5	2.1
8.52	0.9	69.0	2.5	43.7	1.3	44.1	2.1	6(6~7)개월	7.95	0.8	67.5	2.4	42.6	1.3	43.1	2.1
8.74	1.0	70.4	2.7	44.1	1.4	44.7	2.3	7(7~8)개월	8.25	0.9	69.1	2.9	43.2	1.4	43.7	2.2
9.03	0.9	71.9	2.5	44.7	1.4	45.3	2.2	8(8~9)개월	8.48	0.9	70.5	2.5	43.8	1.6	44.3	2.1
9.42	1.0	73.5	2.4	45.2	1.6	45.9	2.0	9(9~10)개월	8.85	0.9	72.2	2.5	44.4	1.5	44.8	2.0
9.68	0.9	74.6	2.3	45.7	1.5	46.4	2.1	10(10~11)개월	9.24	0.9	73.5	2.5	44.7	1.4	45.4	1.9
9.77	1.3	76.5	3.6	46.1	1.6	47.0	2.2	11(11~12)개월	9.28	1.2	75.6	3.9	45.4	1.6	45.9	2.2
10.42	1.2	77.8	3.1	46.4	1.5	47.4	2.2	12(12~15)개월	10.01	1.2	76.9	3.5	45.6	1.6	46.6	2.3
11.00	1.2	80.1	3.2	47.1	1.6	48.0	2.2	15(15~18)개월	10.52	1.3	79.2	3.3	46.2	1.6	47.2	2.3
11.72	1.4	82.6	3.5	47.7	1.7	48.7	2.4	18(18~21)개월	11.23	1.3	81.8	3.3	46.8	1.6	47.9	2.3
12.30	1.5	85.1	3.5	47.9	1.6	49.4	2.3	21(21~24)개월	12.03	1.4	84.4	3.2	47.2	1.6	48.6	2.2
12.94	1.8	87.7	4.3	48.4	1.6	50.0	2.5	2(2~2.5)년	12.51	1.5	87.0	4.1	47.7	1.7	49.1	2.5
14.08	1.7	92.2	3.8	49.4	1.6	51.2	2.2	2.5(2.5~3)년	13.35	1.6	90.9	3.7	48.4	1.6	49.9	2.3
15.08	1.9	95.7	4.4	49.6	1.7	51.9	2.6	3(3~3.5)년	14.16	1.8	94.2	4.4	48.7	1.6	50.5	2.4
15.94	1.9	99.8	4.3	50.0	1.7	52.3	2.5	3.5(3.5~4)년	15.37	1.8	98.7	4.1	49.1	1.4	51.4	2.5
16.99	2.1	103.5	4.6	50.4	1.7	53.3	2.8	4(4~4.5)년	16.43	2.1	102.1	4.5	49.6	1.6	52.3	2.6
17.98	2.3	106.6	4.4	50.8	1.7	54.2	2.8	4.5(4.5~5)년	17.31	2.1	105.4	4.3	49.9	1.7	52.8	2.8
18.98	2.4	109.6	4.7	50.8	1.7	55.0	3.2	5(5~5.5)년	18.43	2.2	108.6	4.7	50.0	1.7	53.7	3.0
20.15	2.6	112.9	4.5	51.0	1.6	55.9	3.3	5.5(5.5~6)년	19.74	2.5	112.1	4.4	50.3	1.6	54.8	3.2
21.41	3.1	115.8	4.8	51.3	1.5	57.0	3.4	6(6~6.5)년	20.68	2.8	114.7	4.7	50.5	1.6	55.5	3.3
22.57	3.6	118.5	4.9	51.4	1.5	57.7	3.7	6.5(6.5~7)년	21.96	3.2	117.5	4.7	50.8	1.6	56.1	3.7
24.72	4.3	122.4	5.7	51.7	1.5	59.2	4.4	7(7~8)년	23.55	3.8	121.1	6.1	51.1	1.6	57.6	4.1
27.63	5.4	127.5	6.1	52.1	1.5	61.3	5.1	8(8~9)년	26.16	4.9	126.0	6.1	51.5	1.6	59.6	5.0
30.98	6.4	132.9	6.0	52.5	1.5	64.2	6.0	9(9~10)년	29.97	6.1	132.2	6.4	51.8	1.5	62.4	5.9
34.47	7.5	137.8	6.4	52.9	1.6	66.7	6.6	10(10~11)년	33.59	7.0	137.7	7.0	52.3	1.6	65.2	6.3
38.62	8.6	143.5	7.1	53.3	1.7	69.7	7.4	11(11~12)년	37.79	8.3	144.2	7.6	53.0	1.7	68.2	7.4
42.84	9.4	149.3	7.8	53.6	1.7	71.9	7.3	12(12~13)년	43.14	8.6	150.9	7.2	53.4	1.5	72.0	7.8
47.20	9.9	155.3	8.4	54.0	1.6	74.6	7.5	13(13~14)년	47.01	8.3	155.0	6.1	53.6	1.5	75.1	7.8
53.87	10.3	162.7	7.1	54.6	1.6	77.9	7.4	14(14~15)년	50.66	8.0	157.8	5.5	53.8	1.6	77.2	8.0
58.49	10.4	167.8	6.5	55.0	1.7	80.6	7.4	15(15~16)년	52.53	7.8	159.0	5.2	54.3	1.5	78.5	7.9
61.19	9.5	171.1	5.8	55.4	1.6	82.9	6.7	16(16~17)년	54.35	7.7	160.0	5.2	54.4	1.4	78.8	7.6
63.20	9.8	172.2	5.9	55.8	1.6	84.5	6.8	17(17~18)년	54.64	7.2	160.4	5.2	54.6	1.4	79.5	7.2
63.77	9.1	172.5	6.0	56.2	1.8	85.3	6.6	18(18~19)년	54.65	6.7	160.5	5.2	54.7	1.5	80.0	6.4
66.04	8.8	173.2	5.7	56.8	1.7	88.0	6.2	19(19~20)년	54.94	6.2	160.1	5.0	54.8	1.5	81.5	5.8
66.55	8.5	173.4	5.7	56.8	1.6	88.2	6.4	20(20~21)년	55.74	5.4	160.4	5.0	55.1	1.7	81.7	5.6

자료: 1998년 한국 소아 및 청소년 신체발육표준치 세부 자료(1999), 대한소아과학회, pp. 7-12.

체중, 신장, 두위, 흉위, 백분위수

(Ⅰ)

Percentile(남아)								Percentile(여아)						
3	10	25	50	75	90	97		3	10	25	50	75	90	97
							출생시							
2.56	2.81	3.09	3.36	3.67	4.01	4.42	체중(kg)	2.49	2.71	2.99	3.26	3.56	3.89	4.39
46.0	47.7	49.1	50.8	52.4	54.0	56.0	신장(cm)	45.2	47.0	48.5	50.0	51.6	53.2	55.0
31.5	32.5	33.5	34.5	35.6	36.8	38.0	두위(cm)	31.0	32.0	33.0	34.0	35.0	36.0	37.0
30.0	31.0	32.0	33.4	34.7	35.9	37.3	흉위(cm)	29.6	30.8	32.0	33.0	34.1	35.5	37.0
							1개월							
3.40	3.80	4.13	4.59	5.00	5.33	5.68	체중(kg)	3.28	3.56	3.99	4.33	4.74	5.14	5.54
50.0	51.9	53.5	55.2	57.0	58.5	59.9	신장(cm)	49.0	51.0	52.5	54.2	55.9	57.3	59.1
34.5	35.5	36.5	37.3	38.2	39.0	40.0	두위(cm)	33.5	34.9	35.7	36.5	37.5	38.3	39.2
32.4	33.9	35.1	36.8	38.2	39.5	40.8	흉위(cm)	32.0	33.3	34.5	36.0	37.7	39.0	40.5
							2개월							
3.92	4.70	5.30	5.90	6.34	6.85	7.36	체중(kg)	3.98	4.60	5.10	5.50	5.94	6.38	6.87
52.0	55.4	57.4	59.2	61.0	62.4	64.6	신장(cm)	51.8	54.5	56.5	58.1	59.8	61.2	62.9
36.0	37.0	38.3	39.2	40.1	41.0	42.5	두위(cm)	35.5	36.7	37.5	38.5	39.4	40.2	41.5
34.8	36.7	38.0	39.8	41.3	43.0	44.8	흉위(cm)	34.0	36.0	37.2	39.0	40.2	42.0	43.5
							3개월							
5.13	5.74	6.29	6.80	7.40	7.90	8.40	체중(kg)	5.00	5.30	5.84	6.30	6.80	7.20	7.72
57.0	59.0	60.8	62.6	64.2	65.8	67.5	신장(cm)	55.8	57.5	59.5	61.3	62.8	64.1	65.7
37.5	39.0	40.0	40.6	41.8	42.3	43.3	두위(cm)	37.0	38.0	39.0	40.0	40.9	41.7	42.5
37.5	39.0	40.2	41.5	43.0	44.5	46.0	흉위(cm)	36.2	38.0	39.3	40.7	42.0	43.0	44.8
							4개월							
6.00	6.50	7.00	7.56	8.10	8.68	9.26	체중(kg)	5.60	6.04	6.51	7.10	7.60	8.14	8.72
59.6	62.0	63.6	65.3	66.9	68.2	69.9	신장(cm)	59.2	60.7	62.3	63.8	65.3	66.7	68.5
39.0	40.2	41.0	42.0	42.9	43.8	44.5	두위(cm)	38.4	39.3	40.1	41.0	41.9	42.8	43.6
38.4	40.0	41.0	42.7	44.0	45.7	47.3	흉위(cm)	38.0	39.0	40.2	41.8	43.0	44.5	46.4
							5개월							
6.40	6.80	7.38	7.90	8.50	9.20	9.60	체중(kg)	5.99	6.44	7.00	7.50	8.00	8.55	9.13
61.0	63.3	65.2	67.0	68.7	70.3	71.9	신장(cm)	60.6	62.3	64.0	65.8	67.5	69.0	70.4
40.0	40.8	41.8	42.9	43.8	45.0	46.1	두위(cm)	39.0	40.0	41.0	42.0	42.8	43.8	45.4
39.8	40.8	42.0	43.2	44.8	46.5	48.0	흉위(cm)	38.7	39.9	41.0	42.5	43.7	45.1	47.2
							6개월							
6.90	7.42	7.90	8.50	9.10	9.67	10.30	체중(kg)	6.29	6.88	7.40	8.00	8.50	9.00	9.60
63.9	66.0	67.4	69.1	70.6	72.0	73.5	신장(cm)	62.2	64.3	66.0	67.7	69.0	70.5	71.5
41.2	42.0	42.9	43.7	44.5	45.1	46.1	두위(cm)	40.0	41.0	41.8	42.5	43.4	44.2	45.0
40.2	41.5	42.7	44.0	45.4	47.0	48.4	흉위(cm)	39.1	40.3	41.8	43.0	44.3	45.8	47.5
							7개월							
7.00	7.50	8.09	8.70	9.30	10.00	11.00	체중(kg)	6.62	7.06	7.68	8.20	8.83	9.40	10.00
65.4	67.1	68.7	70.3	72.1	73.7	75.9	신장(cm)	63.7	65.6	67.2	69.0	70.8	72.6	74.6
41.5	42.3	43.0	44.0	45.0	45.8	47.0	두위(cm)	40.5	41.4	42.2	43.1	44.0	45.0	46.2
40.6	42.0	43.0	44.5	46.0	47.7	49.6	흉위(cm)	39.8	41.0	42.3	43.6	45.0	46.7	48.1

(II)

Percentile(남아)								Percentile(여아)						
3	10	25	50	75	90	97		3	10	25	50	75	90	97
							8개월							
7.27	7.90	8.50	9.00	9.52	10.20	10.90	체중(kg)	6.80	7.36	7.90	8.46	9.00	9.60	10.31
67.2	68.9	70.3	71.9	73.5	75.0	77.3	신장(cm)	65.4	67.2	69.1	70.6	72.0	73.6	75.0
42.0	43.0	43.7	44.7	45.5	46.5	47.2	두위(cm)	41.0	42.0	43.0	43.8	44.7	45.6	47.0
42.0	42.8	43.9	45.1	46.5	48.0	50.0	흉위(cm)	40.5	41.5	43.0	44.0	45.4	47.0	48.2
							9개월							
7.80	8.21	8.70	9.40	10.00	10.70	11.40	체중(kg)	7.10	7.72	8.30	8.90	9.38	9.83	10.50
69.0	70.4	72.0	73.5	75.0	76.5	78.5	신장(cm)	67.2	69.0	70.6	72.2	73.8	75.1	76.2
42.5	43.4	44.2	45.0	46.0	47.0	48.3	두위(cm)	41.8	42.6	43.5	44.3	45.1	46.1	47.6
42.2	43.2	44.4	46.0	47.2	48.4	50.0	흉위(cm)	41.4	42.5	43.4	45.0	46.0	47.3	49.0
							10개월							
8.00	8.60	9.20	9.60	10.10	10.72	11.48	체중(kg)	7.42	8.15	8.75	9.28	9.80	10.20	10.90
70.3	72.0	73.3	74.5	76.0	77.4	79.0	신장(cm)	68.0	70.5	72.0	73.6	74.8	76.2	78.4
43.0	44.0	45.0	45.7	46.5	47.4	48.6	두위(cm)	42.2	43.0	43.8	44.8	45.5	46.3	47.2
42.5	44.0	45.0	46.4	47.5	49.0	50.1	흉위(cm)	42.0	43.0	44.1	45.4	46.5	47.8	49.0
							11개월							
7.42	7.75	9.00	9.80	10.60	11.39	12.00	체중(kg)	7.37	7.62	8.40	9.30	10.00	10.80	11.75
71.0	72.8	74.4	76.2	78.0	79.8	86.2	신장(cm)	69.7	71.3	73.3	75.1	77.1	79.8	85.7
43.3	44.0	45.0	46.1	47.0	48.0	49.2	두위(cm)	42.6	43.5	44.2	45.2	46.2	47.4	48.9
42.9	44.2	45.8	47.0	48.2	49.8	51.0	흉위(cm)	42.0	43.0	44.5	46.0	47.3	48.8	50.0
							12개월							
8.50	9.00	9.61	10.30	11.01	11.90	12.75	체중(kg)	8.00	8.60	9.20	9.82	10.78	11.56	12.50
72.1	74.2	75.8	77.7	79.6	81.6	84.0	신장(cm)	71.3	73.0	74.6	76.6	78.9	81.5	84.3
43.5	44.7	45.5	46.5	47.3	48.1	49.0	두위(cm)	43.0	43.7	44.5	45.5	46.5	47.6	49.0
43.2	44.9	46.0	47.2	48.9	50.0	51.5	흉위(cm)	42.8	43.8	45.0	46.5	48.0	49.5	51.4
							15개월							
8.86	9.50	10.20	11.00	11.80	12.50	13.28	체중(kg)	8.26	9.00	9.71	10.50	11.30	12.10	13.00
73.9	76.1	78.1	80.2	82.2	83.8	86.1	신장(cm)	73.0	75.3	77.2	79.0	81.2	83.0	86.0
44.0	45.2	46.1	47.0	48.0	49.0	50.0	두위(cm)	43.2	44.2	45.1	46.2	47.1	48.0	49.2
44.0	45.2	46.5	48.0	49.1	50.6	52.3	흉위(cm)	42.7	44.4	45.8	47.2	48.5	50.0	51.8
							18개월							
9.00	10.00	10.90	11.70	12.50	13.40	14.46	체중(kg)	8.75	9.74	10.39	11.20	12.00	13.00	13.59
75.6	78.2	80.5	82.7	84.6	86.7	88.9	신장(cm)	75.3	77.6	79.9	82.0	83.7	85.6	87.5
44.5	45.5	46.7	47.8	48.7	49.5	50.6	두위(cm)	44.0	45.0	46.0	46.8	47.8	48.7	50.0
44.0	45.7	47.2	48.7	50.0	51.5	53.4	흉위(cm)	44.0	45.0	46.4	47.9	49.2	51.0	52.5
							21개월							
9.80	10.50	11.30	12.14	13.00	14.32	15.40	체중(kg)	9.80	10.40	11.18	12.00	12.90	13.60	14.85
77.4	81.0	83.3	85.2	87.0	89.0	91.0	신장(cm)	78.5	80.6	82.5	84.3	86.0	88.4	90.6
44.7	46.0	47.0	48.0	49.0	50.0	50.7	두위(cm)	44.2	45.2	46.3	47.2	48.2	49.0	50.0
45.1	46.5	48.0	49.2	51.0	52.4	54.2	흉위(cm)	44.9	46.0	47.3	48.5	49.8	51.2	53.0

(Ⅲ)

Percentile(남아)								Percentile(여아)						
3	10	25	50	75	90	97		3	10	25	50	75	90	97
							2년							
10.00	11.00	11.80	12.90	14.00	15.00	16.50	체중(kg)	10.00	10.60	11.45	12.50	13.50	14.50	15.30
78.6	82.0	85.2	88.0	90.4	92.9	96.2	신장(cm)	77.9	82.0	84.7	87.0	89.8	91.8	94.2
45.5	46.5	47.5	48.5	49.5	50.3	51.5	두위(cm)	44.5	45.9	46.8	47.8	48.7	49.8	51.0
45.7	47.0	48.2	49.8	51.5	53.2	55.0	흉위(cm)	44.5	46.0	47.4	49.0	50.6	52.0	54.0
							2년6개월							
11.35	12.10	13.00	14.00	15.00	16.00	17.70	체중(kg)	10.89	11.50	12.24	13.15	14.30	15.40	16.85
85.0	87.8	89.9	92.0	94.5	97.2	99.7	신장(cm)	83.8	86.5	88.6	90.7	93.0	95.6	98.0
46.5	47.5	48.3	49.2	50.3	51.2	52.3	두위(cm)	45.5	46.5	47.3	48.3	49.3	50.2	51.6
47.0	48.4	49.7	51.0	52.5	54.0	56.0	흉위(cm)	45.8	47.3	48.3	49.6	51.3	53.0	54.5
							3년							
11.92	13.00	14.00	15.00	16.10	17.45	19.00	체중(kg)	11.00	12.02	13.00	14.00	15.05	16.50	17.95
87.9	90.4	92.8	95.7	98.6	101.2	104.0	신장(cm)	85.8	88.7	91.2	94.1	97.0	99.7	102.9
46.7	47.8	48.5	49.5	50.5	51.5	53.0	두위(cm)	45.7	46.7	47.8	48.7	49.7	50.5	51.5
47.4	48.6	50.2	51.9	53.5	55.0	57.0	흉위(cm)	46.4	47.5	49.0	50.4	52.0	53.8	55.6
							3년6개월							
13.00	13.80	14.70	15.82	17.00	18.20	19.82	체중(kg)	12.30	13.40	14.20	15.12	16.38	17.50	19.00
92.1	94.6	97.0	99.8	102.4	105.0	108.5	신장(cm)	90.7	93.9	96.0	98.6	101.5	104.2	106.2
47.1	48.0	49.0	50.0	51.0	52.0	53.4	두위(cm)	46.5	47.5	48.2	49.0	50.0	50.6	51.8
48.0	49.4	50.7	52.2	53.8	55.4	57.8	흉위(cm)	47.2	48.3	49.8	51.1	52.7	54.4	56.5
							4년							
13.41	14.50	15.55	16.80	18.14	19.70	21.50	체중(kg)	13.00	14.00	15.00	16.20	17.61	19.10	21.10
94.7	98.0	100.9	103.7	106.4	108.9	111.7	신장(cm)	93.5	96.3	99.1	102.2	105.2	107.7	110.3
47.5	48.5	49.3	50.3	51.4	52.4	53.8	두위(cm)	46.9	47.8	48.5	49.5	50.5	51.5	52.5
48.5	50.0	51.5	53.0	55.0	56.7	59.5	흉위(cm)	48.0	49.2	50.5	52.0	54.0	55.5	57.5
							4년6개월							
14.50	15.40	16.50	17.62	19.20	21.00	23.00	체중(kg)	14.14	14.92	15.86	17.06	18.50	19.90	22.20
99.5	101.1	103.2	106.5	109.5	112.3	115.5	신장(cm)	97.9	100.2	102.5	105.3	108.1	111.0	113.6
48.0	49.0	49.7	50.6	51.6	52.7	54.8	두위(cm)	47.0	48.0	48.8	49.8	50.8	51.9	53.8
50.0	51.0	52.2	54.0	56.0	57.7	60.5	흉위(cm)	48.0	49.7	50.9	52.5	54.5	56.5	59.0
							5년							
15.24	16.19	17.35	18.72	20.40	22.23	24.06	체중(kg)	15.06	15.88	16.80	18.14	19.70	21.34	23.28
100.0	103.7	106.6	109.6	112.8	115.9	118.1	신장(cm)	100.0	102.7	105.5	108.7	111.7	114.8	117.2
48.0	48.9	49.8	50.8	51.8	52.8	54.0	두위(cm)	47.4	48.0	49.0	50.0	51.0	51.9	53.0
50.0	51.3	53.0	54.7	56.8	59.0	61.8	흉위(cm)	49.0	50.1	51.7	53.5	55.4	57.6	60.0
							5년6개월							
16.03	17.10	18.40	19.80	21.60	23.50	26.30	체중(kg)	15.80	16.70	18.00	19.50	21.10	23.08	25.60
104.5	106.9	110.0	113.0	116.0	118.7	121.5	신장(cm)	104.1	106.3	108.9	112.1	115.2	118.0	120.3
48.3	49.1	50.0	51.0	52.0	52.8	54.2	두위(cm)	47.5	48.5	49.3	50.2	51.1	52.1	53.5
50.5	52.0	53.8	55.7	57.6	60.0	63.0	흉위(cm)	50.0	51.0	52.7	54.4	56.4	58.6	62.7

(Ⅳ)

Percentile(남아)								Percentile(여아)						
3	10	25	50	75	90	97		3	10	25	50	75	90	97
							6년							
17.00	18.00	19.30	20.97	22.90	25.40	29.06	체중(kg)	16.25	17.40	18.64	20.37	22.25	24.36	27.00
107.0	109.9	112.6	115.6	118.9	121.9	125.1	신장(cm)	105.9	108.7	111.5	114.6	117.9	120.9	123.5
48.7	49.5	50.3	51.2	52.1	53.0	54.1	두위(cm)	47.5	48.5	49.5	50.5	51.5	52.3	53.5
51.7	53.0	54.5	56.5	58.8	61.0	65.0	흉위(cm)	50.5	51.8	53.0	55.0	57.2	60.0	63.5
							6년6개월							
17.53	18.90	20.06	21.83	24.10	27.50	31.81	체중(kg)	17.24	18.45	19.50	21.50	23.50	26.40	30.05
109.3	112.7	115.1	118.3	121.6	124.9	127.7	신장(cm)	108.7	111.9	114.3	117.4	120.7	123.6	126.4
48.7	49.6	50.4	51.4	52.3	53.0	54.0	두위(cm)	48.0	49.0	49.8	50.7	51.8	52.8	54.0
52.0	53.7	55.1	57.2	60.0	62.7	66.0	흉위(cm)	50.0	51.8	53.5	55.8	58.0	60.7	65.0
							7년							
18.96	20.20	21.80	23.80	26.70	30.62	35.40	체중(kg)	18.18	19.40	20.80	22.72	25.70	28.82	32.60
111.5	115.0	118.8	122.4	126.4	129.7	132.9	신장(cm)	110.2	113.8	117.3	121.0	124.8	128.4	132.0
49.0	50.0	50.8	51.7	52.6	53.5	54.7	두위(cm)	48.5	49.3	50.0	51.0	52.0	53.0	54.1
53.0	54.5	56.2	58.5	61.3	65.0	70.4	흉위(cm)	51.3	53.0	54.8	57.0	60.0	63.0	67.2
							8년							
20.30	21.80	23.77	26.45	30.40	35.20	40.90	체중(kg)	19.30	20.70	22.59	25.40	28.67	32.55	38.16
115.7	119.4	123.5	127.6	131.6	135.3	138.7	신장(cm)	114.2	118.2	121.7	125.9	130.3	133.9	137.5
49.4	50.2	51.0	52.0	53.0	54.0	55.0	두위(cm)	48.8	49.5	50.5	51.5	52.5	53.5	54.8
54.0	56.0	58.0	60.4	64.0	68.5	74.2	흉위(cm)	52.5	54.4	56.2	58.6	62.0	66.0	72.1
							9년							
22.24	24.04	26.15	29.76	34.30	40.10	46.60	체중(kg)	21.70	23.30	25.46	28.65	33.32	38.50	44.50
121.5	125.2	128.7	132.7	137.2	140.6	144.0	신장(cm)	120.4	124.0	128.0	132.3	136.4	140.3	144.5
49.8	50.5	51.5	52.4	53.5	54.4	55.4	두위(cm)	49.0	50.0	50.9	51.9	52.9	54.0	54.7
56.0	57.5	60.0	63.0	67.0	73.0	78.8	흉위(cm)	54.0	55.8	58.1	61.2	65.5	70.6	76.0
							10년							
24.14	26.30	28.90	32.90	38.70	45.23	52.11	체중(kg)	23.45	25.40	28.30	32.59	37.60	43.46	49.45
126.0	129.7	133.2	137.7	142.0	146.2	150.2	신장(cm)	125.4	128.7	132.8	137.7	142.3	147.0	151.3
50.0	51.0	52.0	53.0	54.0	55.0	56.0	두위(cm)	49.7	50.5	51.2	52.2	53.3	54.5	55.4
57.5	59.8	62.0	65.2	70.2	76.8	82.0	흉위(cm)	56.0	58.0	60.5	64.0	69.0	74.4	80.0
							11년							
26.08	28.90	32.20	37.00	43.76	50.54	58.20	체중(kg)	25.50	28.00	31.34	36.70	43.10	49.50	55.60
130.1	134.5	138.8	143.2	148.3	152.8	157.2	신장(cm)	130.0	134.2	138.7	144.1	149.9	154.1	157.9
50.1	51.2	52.0	53.2	54.2	55.3	56.4	두위(cm)	50.0	50.8	52.0	53.0	54.0	55.0	56.0
59.0	61.5	64.0	68.4	74.2	81.0	86.0	흉위(cm)	57.5	60.0	62.3	67.0	73.0	78.8	85.0
							12년							
28.50	31.66	35.80	41.59	48.32	56.30	63.81	체중(kg)	29.04	32.50	37.00	42.36	48.44	54.70	62.10
135.1	139.5	143.9	148.9	154.5	160.2	165.1	신장(cm)	135.3	141.2	146.6	151.7	156.0	159.5	162.8
50.5	51.5	52.5	53.5	54.5	55.8	56.9	두위(cm)	50.9	51.5	52.3	53.5	54.5	55.3	56.3
61.0	63.4	66.5	70.6	76.5	82.5	87.8	흉위(cm)	60.0	62.7	66.0	71.7	77.0	83.0	89.0

(V)

Percentile(남아)								Percentile(여아)						
3	10	25	50	75	90	97		3	10	25	50	75	90	97
							13년							
31.40	35.00	39.89	46.22	53.40	60.50	68.60	체중(kg)	32.80	36.75	41.00	46.50	52.08	58.25	64.55
139.7	144.3	149.1	155.3	161.6	166.2	170.0	신장(cm)	143.0	147.3	151.4	155.3	159.2	162.4	165.6
50.9	52.0	53.0	54.0	55.0	56.1	57.1	두위(cm)	50.9	51.8	52.6	53.7	54.6	55.5	56.5
63.0	66.0	69.0	73.5	79.0	85.5	92.0	흉위(cm)	61.5	65.0	69.5	74.8	80.0	85.5	91.5
							14년							
36.50	41.80	46.70	52.86	59.90	68.00	76.85	체중(kg)	37.64	41.06	45.00	50.00	55.10	61.35	67.90
146.7	153.0	158.6	163.6	168.0	171.5	173.6	신장(cm)	147.0	150.8	154.3	157.8	161.4	164.9	168.0
51.9	52.6	53.5	54.6	55.7	56.7	57.6	두위(cm)	50.9	52.0	52.9	54.0	55.0	55.9	56.8
65.8	69.6	72.9	77.0	82.0	87.5	94.4	흉위(cm)	62.8	66.9	71.8	77.0	82.0	87.5	94.0
							15년							
41.80	46.70	51.30	57.40	64.30	72.40	82.10	체중(kg)	40.50	43.20	47.10	51.52	56.75	62.90	69.50
153.5	159.5	164.0	168.5	172.4	175.5	178.0	신장(cm)	149.3	152.4	155.3	158.9	162.5	165.9	168.6
52.0	53.0	54.0	55.0	56.0	57.1	58.3	두위(cm)	51.6	52.5	53.3	54.0	55.1	56.3	57.4
68.0	72.0	75.6	79.8	84.9	90.2	96.8	흉위(cm)	65.0	68.4	73.0	78.0	83.2	89.0	95.0
							16년							
46.60	50.70	54.70	59.75	66.20	74.00	84.10	체중(kg)	42.30	45.40	49.20	53.40	58.40	64.50	72.16
159.2	163.6	167.5	171.2	175.1	178.7	181.1	신장(cm)	150.4	153.3	156.6	160.0	163.7	166.6	169.6
52.5	53.5	54.3	55.4	56.5	57.5	58.5	두위(cm)	52.0	52.5	53.5	54.4	55.4	56.2	57.0
71.9	75.0	78.5	82.3	86.5	91.2	97.6	흉위(cm)	65.0	69.0	74.0	78.7	84.0	89.0	93.0
							17년							
48.60	52.20	54.46	61.70	68.40	76.00	86.30	체중(kg)	43.60	46.30	49.50	54.00	58.30	64.00	70.35
161.1	165.2	168.5	172.3	176.1	179.8	182.9	신장(cm)	151.0	153.8	156.7	160.1	163.7	167.2	170.5
53.0	53.9	54.8	55.8	56.9	57.8	58.9	두위(cm)	52.0	53.0	53.7	54.5	55.4	56.4	57.3
74.0	76.5	80.0	84.0	88.3	93.2	99.5	흉위(cm)	67.0	70.0	74.9	79.2	84.0	89.0	94.0
							18년							
50.30	53.20	57.10	62.60	68.50	75.60	83.30	체중(kg)	45.00	47.30	50.00	53.50	58.05	63.40	68.90
161.2	165.3	168.8	172.5	176.4	180.0	183.4	신장(cm)	150.6	153.9	157.3	160.5	164.0	167.0	169.9
53.0	54.0	55.0	56.2	57.2	58.5	59.9	두위(cm)	52.0	53.0	53.7	54.6	55.5	56.5	57.6
74.0	77.5	80.7	85.0	89.5	94.0	99.0	흉위(cm)	67.5	71.5	76.0	80.0	84.0	88.0	92.5
							19년							
51.00	55.60	60.18	64.95	70.98	78.15	84.84	체중(kg)	47.00	48.00	50.50	54.00	58.00	62.60	69.50
162.4	166.0	169.7	173.3	177.0	180.1	184.0	신장(cm)	150.3	153.8	157.0	160.0	163.3	166.3	169.7
53.7	54.9	55.8	57.0	58.0	59.0	60.0	두위(cm)	52.0	53.0	54.0	54.8	55.7	56.9	58.0
77.1	80.5	84.0	87.5	92.0	95.9	100.4	흉위(cm)	71.0	74.5	78.0	81.3	85.0	89.0	93.5
							20년							
53.20	57.00	61.00	65.30	70.80	78.00	85.80	체중(kg)	48.90	50.00	52.00	54.49	58.40	63.50	68.20
162.0	166.0	170.0	173.1	177.0	180.6	184.8	신장(cm)	151.5	154.4	157.0	160.0	163.5	166.8	170.4
54.0	55.0	56.0	57.0	57.9	59.0	60.0	두위(cm)	52.4	53.0	54.0	55.0	56.0	57.0	58.0
78.0	81.0	84.0	87.5	91.8	96.9	102.0	흉위(cm)	71.0	74.5	78.1	81.8	85.0	88.8	93.0

1. 남아(0~36개월)

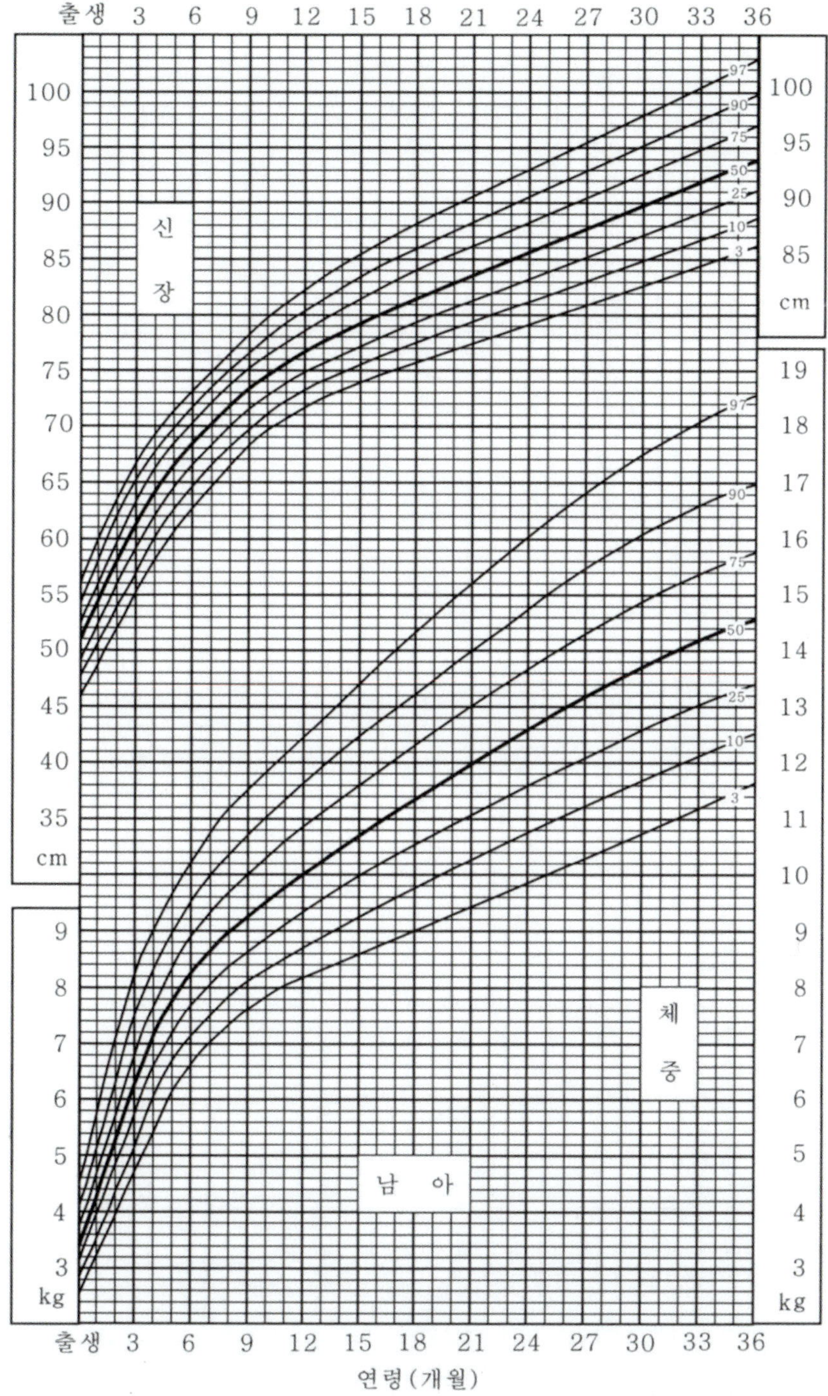

그림 1-2 소아의 발육 곡선(신장과 체중)

자료: 대한소아과학회(1999), pp. 13-16.

2. 여아(0~36개월)

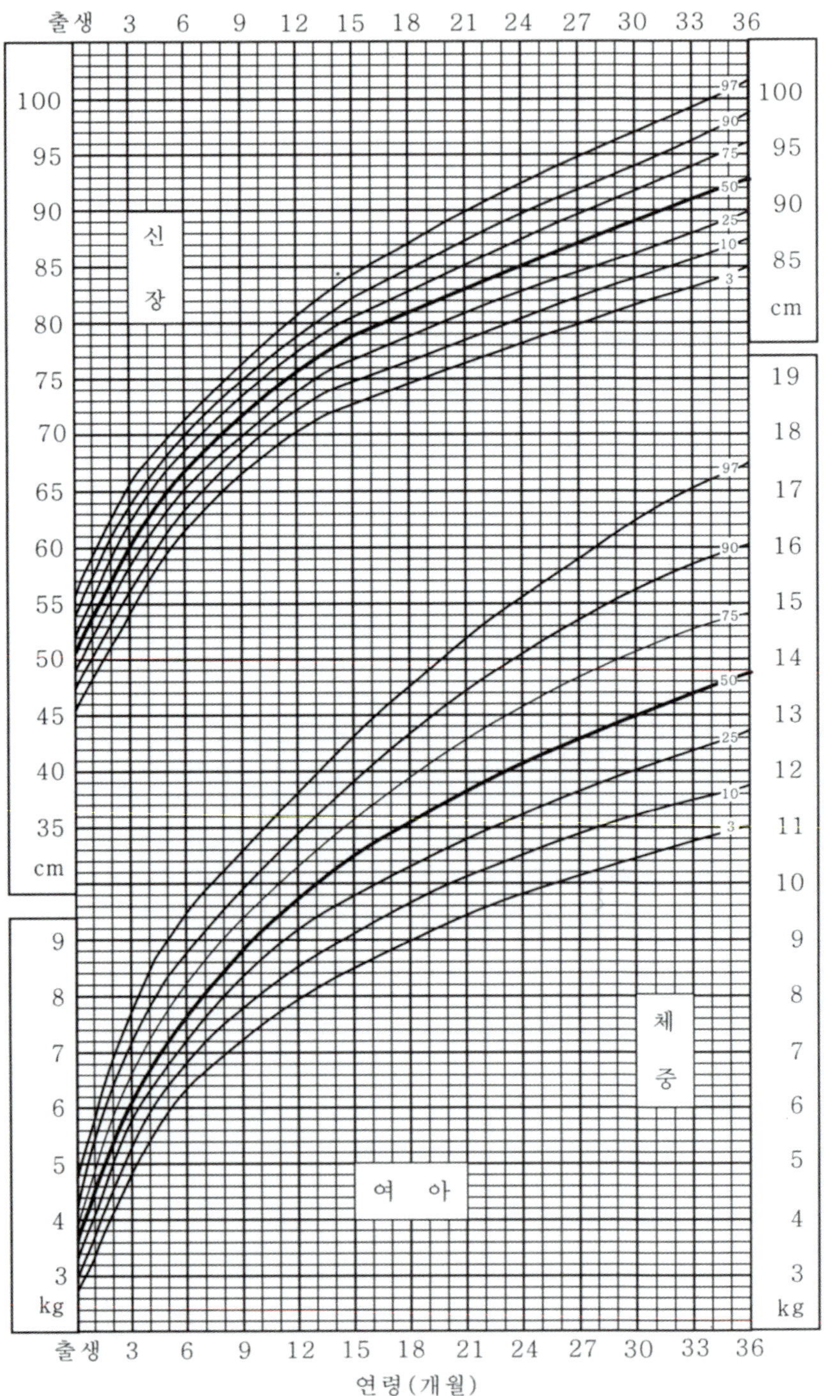

출생 3 6 9 12 15 18 21 24 27 30 33 36
신장
체중
여 아
100 95 90 85 80 75 70 65 60 55 50 45 40 35 cm
9 8 7 6 5 4 3 kg
100 95 90 85 cm
19 18 17 16 15 14 13 12 11 10 9 8 7 6 5 4 3 kg
97 90 75 50 25 10 3
연령(개월)

3. 남아(2~20세)

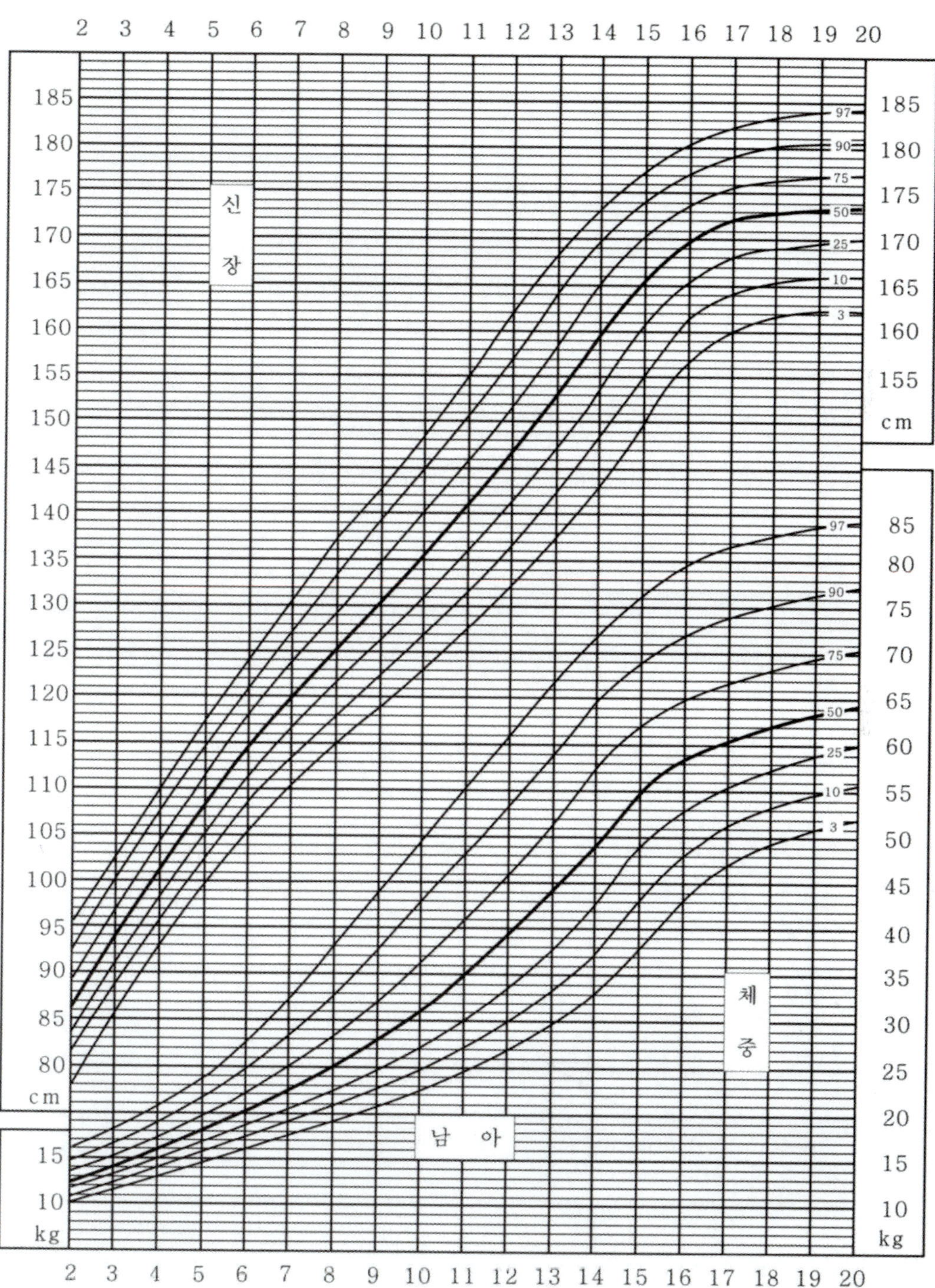

2 3 4 5 6 7 8 9 10 11 12 13 14 15 16 17 18 19 20
신 장
185 180 175 170 165 160 155 150 145 140 135 130 125 120 115 110 105 100 95 90 85 80
cm
97 90 75 50 25 10 3
185 180 175 170 165 160 155
cm
97 90 75 50 25 10 3
85 80 75 70 65 60 55 50 45 40 35 30 25 20 15 10
kg
체 중
15 10
kg
남 아
2 3 4 5 6 7 8 9 10 11 12 13 14 15 16 17 18 19 20
연령(년)

4. 여아(2~20세)

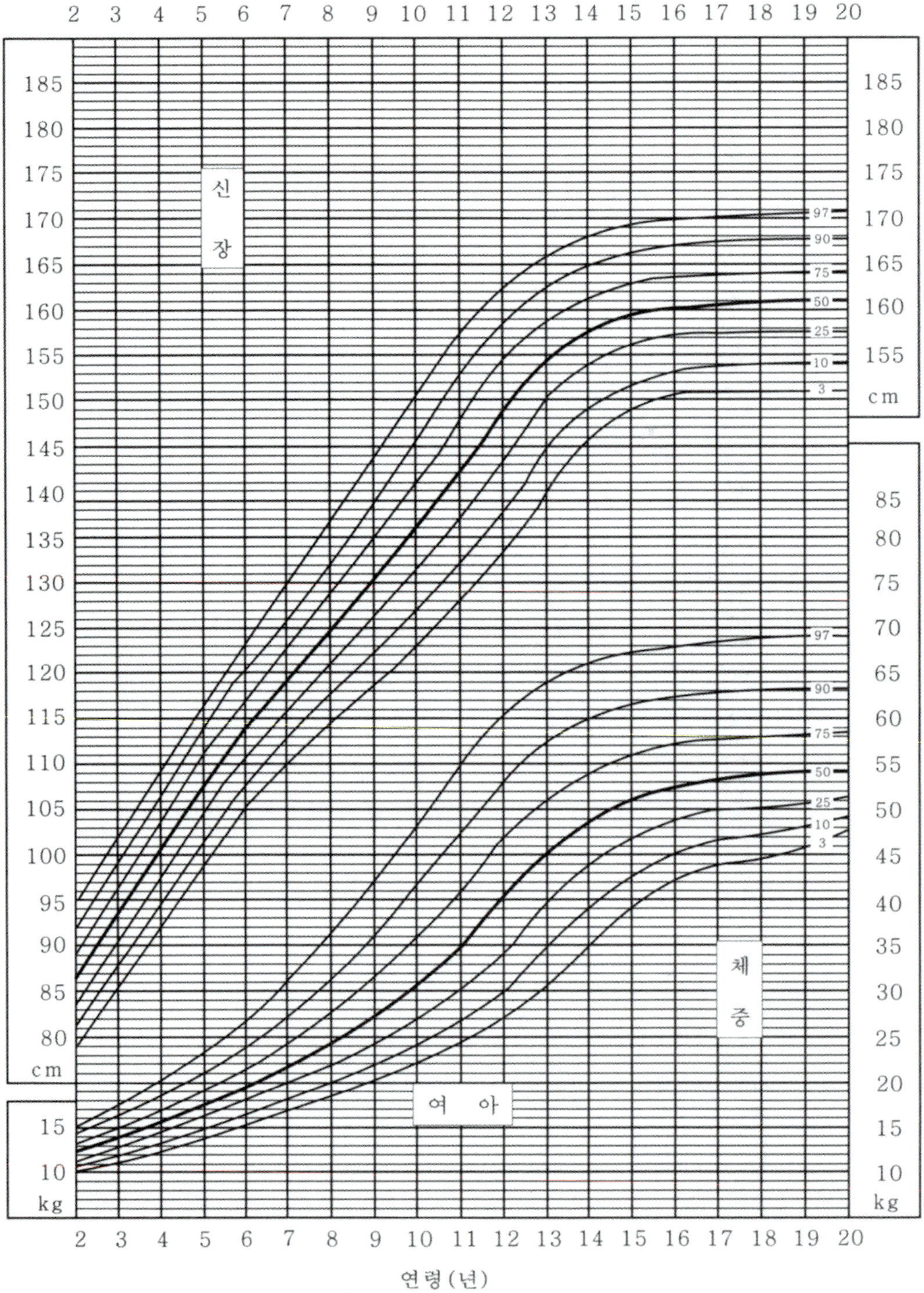

2 3 4 5 6 7 8 9 10 11 12 13 14 15 16 17 18 19 20

신장

185 180 175 170 165 160 155 150 145 140 135 130 125 120 115 110 105 100 95 90 85 80 cm

97 90 75 50 25 10 3

체중

85 80 75 70 65 60 55 50 45 40 35 30 25 20 15 10 kg

여아

연령(년)

상발달에 있어 독특한 면이 있으므로 성장률, 성장패턴, 성장기간 등에 다소 차이가 있다.

영아의 성장을 이야기할 때 같은 성, 같은 연령이라 하여 한 시점에서 신장, 체중 등을 기준치 또는 퍼센타일에 맞추어 비교하는 것은 옳지 않다. 그것은 아이마다 출생시 체중, 신장이 각기 다르고, 유전이나 그외 환경적 요인들에 많은 차이가 있기 때문이다. 따라서, 아이의 성장발육상태를 볼 때는, 출생시 속한 퍼센타일 내에서 지속적으로 그 성장곡선상에 놓이게 되면 그 아이는 정상적인 성장을 하고 있음을 나타내 주는 것이다(그림 1 −3).

그러나 출생시 영아의 체중은 75퍼센타일이었으나 성장하면서 50퍼센타일에서 10퍼센타일로 감소하고 있다면 이런 경우는 정상적인 성장을 하지 못하고 있는 것을 의미함과 동시에 이 아이의 영양상태는 불충분하다는 것을 알 수 있다(그림 1−4). 이와 같이 영아의 성장률은 영양상태에 민감하므로 성장패턴이 곧 영아의 영양상태를 판정하는 지표이기도 하다. 그러므로 영아의 성장발달은 아이의 전반적인 건강상태를 파악할 수 있는 것이므로 발육표준치, 퍼센타일과 함께 성장곡선을 참고로 하여 순조로운 성장이 이루어지고 있는지를 살펴야 한다.

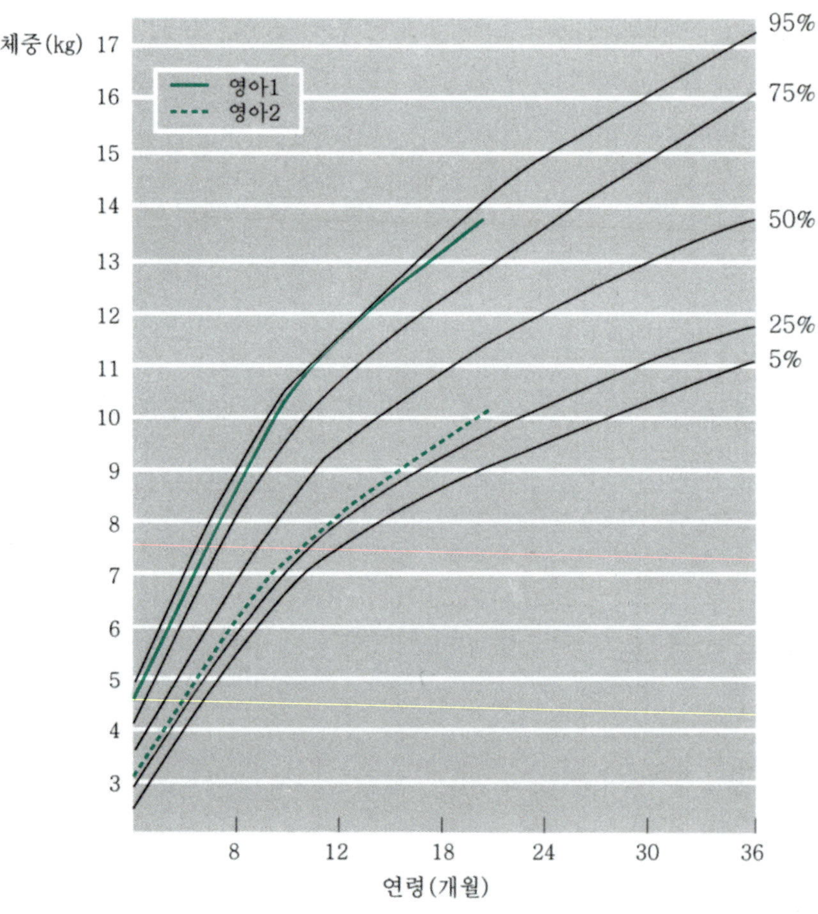

그림 1-3 정상적으로 성장하는 두 영아의 성장곡선

자료: N. Kretchmer and M. Zimmermann(1997), *Developmental Nutrition*, Allyn & Bacon, p. 310.

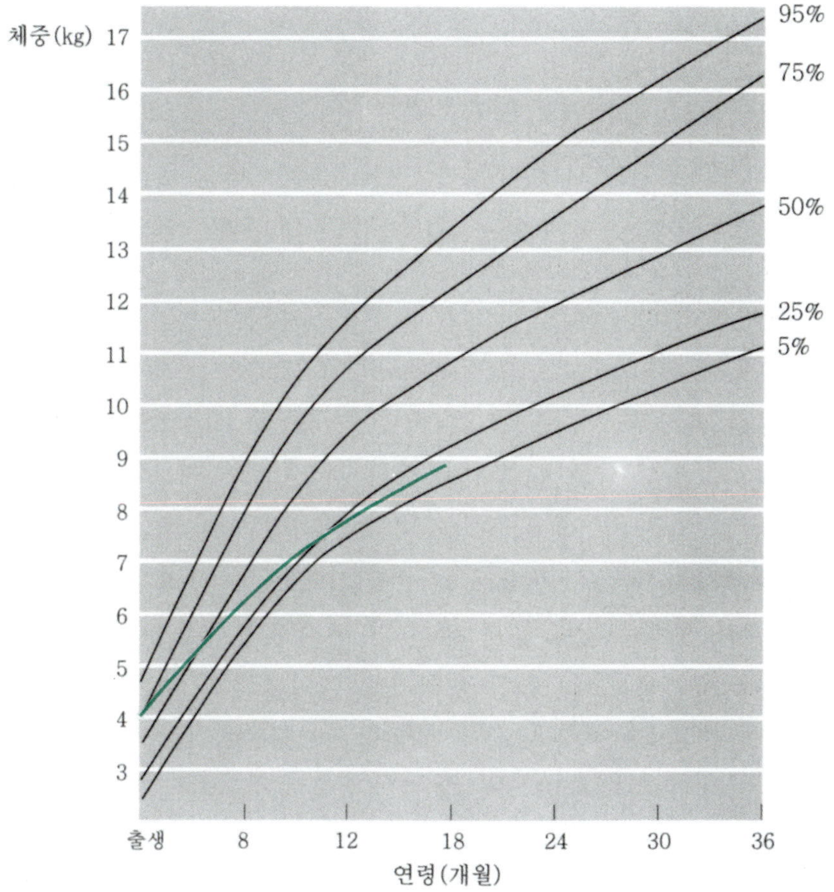

그림 1-4 불충분한 에너지와 단백질 식사로 인한 영아의 성장곡선
자료: N. Kretchmer and M. Zimmermann(1997), p. 311.

2. 영아의 생리 발달

신체 구성성분의 변화

영아의 성장이 지속되면서 신체의 구성성분에는 큰 변화가 일어난다. 성장은 곧 신장과 체중의 증가로 나타나지만, 이외에도 뼈의 질량, 기관의 크기, 신체의 수분, 근육, 지방 등의 성분비의 변화가 오게 된다. 출생시 체중의 70%를 차지했던 수분은 4개월에 이르면 60%로 감소하고 지방의 양은 출생시의 15%에서 4개월에 25%로 증가한다. 또 근육, 골격, 치아가 발달함에 따라 단백질, 무기질의 축적이 일어난다.

영양과 정신적 발달

영아의 두뇌세포가 분열하는 특정시기에 영양불량이 되면 아이의 정신적 발달에 미치는 영향은 지대하다. 인간의 경우, 이러한 시기는 임신기부터 만 1세까지로 본다. 정신적 발달의 부진은 임신기나 영아기 때 영양불량이 오는 경우보다 임신기부터 영아 시기에 걸쳐 지속적으로 영양불량이 온 경우 더욱더 심각하다.

아이들의 정신적 발달은 성장하는 사회적・심리적 환경요인에 의해 크게 영향을 받는다. 영양불량은 곧 사회적・심리적으로 열악한 상황에서 초래되므로 이러한 요소들이 빈약한 정신발달을 가져오게 된다. 즉, 가난, 질병, 심리적 문제들이 영양불량, 빈약한 정신적 발달의 주요 원인으로 나타난다.

두뇌 발달

두뇌 발달은 생애 어느 때보다도 출생 직후에 급속히 일어난다. 그래서 신생아의 두뇌는 몸의 비율로 볼 때 매우 큰 것이다. 빠른 두뇌성장은 18개월이면 멈추게 되는데 이때가 성인두뇌의 90% 정도에 해당되는 시기이다.

영아의 소화 생리

출생시 영아는 빨고 삼키는 능력밖에 없지만, 만 1세가 되면영아는 수저를 들고 스스로 음식을 먹을 수 있게 된다. 이러한 외형적인 변화와 함께 내부의 소화 능력에도 큰 변화가 따라 오게 된다.

소화기관과 신장기능의 발달은 영아가 음식을 먹고, 소화, 흡수 대사하는 능력을 갖게 된다. 출생시에는 모유나 조제유가 영양급원의 전부였으나 생후 1세가 되면 점점 더 다양한 음식, 거의 모든 음식의 종류를 먹고 소화할 수 있을 정도로 소화기능이 발달하게 된다.

소화기관의 기능

출생시 신생아는 빨고 삼키는 능력밖에 없지만, 며칠 후면 이러한 기능이 아주 효율적으로 이루어진다. 생후 4개월까지는 아이가 먹는 음식은 혀의 작용에 의해 밀어넣는 방식인데 이를 분출반사(extrusion reflex)라 한다. 이는 4~6개월이면 사라져 이때부터는 어린이가 음식을 입의 뒷부분으로 밀어 넣어 삼키는 방식을 알게 된다. 수저로 먹이는 것은 이러한 삼키기 운동을 적절하게 하는 것을 도와준다. 4개월 정도가 되면 영아가 앉고 머리를 가누며 어린이용 의자에 앉아 음식을 받아 먹든지 아니면 고개를 돌림으로 먹는 기술을 배우게 된다.

영아의 위장기능은 음식물의 소화를 돕기 위해 물리적·화학적으로 준비하는 것이다. 영아의 위는 아주 작고 모양도 다양하며 그 기능 또한 아주 미숙한 상태이다. 영아 초기에는 음식물도 천천히 내려가며 위장 내에서 혼합도 아주 더디게 일어난다. 이것은 곧 작은 위장의 용량과 위장을 비우는 시간이 길어져 모유, 조제유만으로도 영양요구량이 충당된다. 출생 당시 영아의 위는 옆으로 평형한 상태이며 자라면서 굴곡이 생기고 위아래의 수직적 형태를 이루게 된다. 한편 위장에서의 소화액 분비, 즉 염산, 소화효소의 분비도 아주 적게 분비된다. 따라서 우유 중의 카제인 성분이 쉽게 분해되지 않는 이유가 그것이다. 췌장, 소장의 효소분비 또한 영아 초기에 아주 미비하여 고형음식의 소화가 용이하게 일어나지 못한다.

신장의 기능

영아의 신장기능은 아주 미약하다. 고형식의 시작을 늦추어야 하는 이유가 여기에 있는 것이다. 단백질의 최종대사산물이나 전해질은 신장에서 배설되는데 신장의 기능이 미성숙한 상태에서는 많은 수분손실을 가져와 탈수를 초래할 수 있으며 이는 영아에 있어 생명을 위협하는 요인이 된다. 신장기능이 성숙되면, 높은 용질부하를 처리할 수 있게 된다. 따라서 고형식이 제공되면 아이에게 수분 섭취를 충분히 해주어야 한다.

신장의 기능이 미숙한 상태에서 너무 일찍이 고형식을 준다든지, 1세 이전에 생우유를 주는 것은 영아의 탈수를 초래할 수 있으므로 주의해야 한다. 고형식에는 단백질 및 기타 전해질 성분이 많이 있으므로 이를 대사한 후 대사산물을 제거하기 위해 수분 손실이 많을 뿐 아니라 소디움과 같은 전해질도 배설시 수분과 함께 배설되므로 많은 수분 손실을 가져 올 수 있다. 생우유는 용질부하 면에서 볼 때도 모유나 조제유에 비해 3배 정도 높다(표 1-2). 따라서 우유의 공급은 신장의 기능이 어느 정도 유지되는 만 1세 이후에 먹이도록 권장하고 있다.

표 1-2 각 제품의 용질부하

제 품	용질부하(mosm/100kcal)
모 유	12
전유(whole milk)	33
저지방 우유(low fat milk)	40
탈지유(skim milk)	68
영아용 조제유*	16
정제음식	
배	5
애플소스(applesauce)	5
야채 섞인 닭고기	30
야채와 쇠고기	18

* 주요 상업용 조제유를 대표한 것임.
자료 : AAP(1993), *Pediatric Nutrition Handbook*, 3d ed., Elk Grove, IL: AAP.

제2장 영아는 무엇을 얼마만큼 먹고 자라는가?

1. 영아의 영양 필요량

에너지

생후 초기에는 모유 수유 영아나 조제유 수유 영아 모두 에너지 필요량을 충족시키기에 충분하다. 그후에는 성장과 더불어 증가하는 에너지 양은 이유식으로부터 주어진다. 영아기의 구분은 0~5개월, 6~11개월로 구분한다. 영아의 에너지 권장량은 단위 체중당 필요량(89kcal/kg/일)과 영아 체중을 적용하여 산출한다.

한국인 영아의 체중은 0~5개월의 6.5kg, 6~11개월의 9.1kg으로 나타남에 따라 단위체중당 에너지 필요량에 체중을 곱하여 1일 에너지 필요량을 설정하였다.

89x6.5−100=594.0 → 600kcal/일

89x9.1−100=731.9 → 730kcal/일

그림 2-1 한국인 영양섭취 기준(영아)

성별	연령	체위기준치		에너지(kcal)	탄수화물 (g)	지 방 (g)	n-6불포화 지방산(g)	n-3불포화 지방산(g)	단백질 (g)			수 분 (ml)	비타민A (㎍ RE)
		신장(cm)	체중(kg)	필요추정량	충분섭취량	충분섭취량	충분섭취량	충분섭취량	평균필요량	권장섭취량	충분섭취량	충분섭취량	권장섭취량
영아	0~5(개월)	61.9	6.5	600	55	25	2.0	0.3			9.5	700	350
	6~11	72.3	9.1	730	90	25	4.5	0.8	10	13.5		800	400

비타민D (㎍ RE)	비타민E (㎍-TE)	비타민K (㎍)	비타민C (mg)	티아민 (mg)	리보플라빈 (mg)	나이아신 (mg NE)	비타민B_6 (mg)	엽 산 (㎍ DFE)	비타민B_{12} (㎍)	판토텐산 (mg)	비오틴 (㎍)	칼 슘 (mg)
충분섭취량	충분섭취량	충분섭취량	권장섭취량	권장섭취량	권장섭취량	권장섭취량	권장섭취량	권장섭취량	권장섭취량	충분섭취량	충분섭취량	권장섭취량
5	3	4	35	0.2	0.3	2	0.1	65	0.2	1.7	5	200
5	4	7	45	0.3	0.4	3	0.3	80	0.5	1.8	6	300

인 (mg)	나트륨 (g)	염 소 (g)	칼 륨 (g)	마그네슘 (mg)	철 (mg)	아 연 (mg)	구 리 (㎍)	불 소 (mg)	망 간 (mg)	요오드 (㎍)	셀레늄 (㎍)
권장섭취량	충분섭취량	충분섭취량	권장섭취량	권장섭취량	권장섭취량	권장섭취량	권장섭취량	권장섭취량	충분섭취량	권장섭취량	권장섭취량
100	0.12	0.18	0.4	30	0.26	1.73	225	0.01	0.008	130	8.5
300	0.37	0.56	0.7	55	7	2.5	290	0.5	0.8	170	11

자료: 한국인 영양섭취 기준, 한국영양학회(2005)

영아의 에너지 요구량은 신체크기, 활동량, 성장률에 따라 달라진다. 영아 초기에 필요한 에너지의 상당 부분은 성장을 위해 필요한 에너지다. 0~4개월 영아는 에너지의 27%를 성장에 이용하고 4~6개월에는 11%, 6~12개월까지는 약 5%가 새로운 조직의 축적에 이용된다고 한다.

단백질

모유 영양아, 조제유 영양아를 따로 구분없이 0~5개월 영아의 단백질 섭취량은 9.5g, 6~11개월 여아는 13.5g으로 권장하고 있다.

단위체중당 단백질의 필요량은 영아기에 가장 높다. 생후 4개월까지는 하루 평균 3~3.5g/일, 4~12개월은 2~3g/일의 단백질이 축적된다. 이러한 단백질은 새로운 조직의 합성, 뼈의 형성, 효소, 호르몬, 혈장단백질의 합성에 사용된다. 영아의 단백질 권장량은 건강한 영아가 섭취하는 모유의 양에 포함된 단백질 양에 근거한다. 그 이유는 건강하고 영양상태가 좋은 엄마로부터 모유 수유를 받는 영아는 성장이 만족스럽게 일어나고 있기 때문이다.

한편, 조제유를 먹는 영아의 경우는 조제유의 경우 단백질의 질이 다소 낮은 것을 감안하고 동시에 모유 수유 경우보다 유즙섭취량이 많기 때문에 단백질 권장량이 다소 높다.

1일 단백질 필요량은 체중당 1.6~2.2g이다. 총단백질의 40%가 필수아미노산으로 들어 있고, 이는 모유나 조제유인 경우에 모두 만족스럽다. 단백질 섭취량이 총에너지의 20%를 넘지 않아야 하는데 그 이유는 고단백식이는 많은 양의 질소성 폐기물과 전해질을 배출해야 하는데 영아의 신장기능이 미숙하므로 영아에게 무리가 될 수 있기 때문이다. 모유 내의 단백질은 양이나 질적인 면에서 완벽하고 이용률이 높다.

조제유인 경우에는 위에 설명한 이유로 구성성분에 있어 단백질은 상한선을 두고 있다.

지 질

모유에너지의 50% 정도는 지질이며, 조제유는 45~50% 정도가 지질이다. 이 시기에 지방이 주요 에너지원인 동시에 고에너지원이고, 주요 신경계 발달에 필수적이다. 2세까지 영유아의 지방섭취는 총에너지양의 40%가 되며, 총에너지의 3%는 필수지방산을 섭취해야 한다.

리놀레산, 리놀렌산은 필수지방산으로 아주 중요하다. 이는 모유나 시판 영아용 조제유를 통해 공급받을 수 있다. 다만, 필수지방산이 결여된 조제유를 섭취하면 피부건조, 설사가 올 수 있으며, 특히 조산아인 경우에는 필수지방산결핍증후가 빨리 올 수 있다. 영아비만을 우려하는 나머지 에너지 섭취를 제한하는 경우, 특히 지방 섭취를 제한하게 되면 두뇌나 신경계의 성장을 지연시킬 수 있으므로 2세 이전에 에너지 제한, 지방 섭취 제한은 금물이다.

비타민과 무기질

비타민 K는 모든 신생아에게 주사되어야 한다. 이는 신생아에 있어 장내 박테리아에 의해 비타민 K가 합성될 때까지 효력이 유지된다. 햇빛에 일광욕을 못하는 경우에는 비타민 D도 섭취해야 한다. 채식주의자로부터 모유 수유를 하는 경우에는 비타민 B_{12} 보충을 해야 한다.

무기질은 출생시 갖고 태어난 철분저장량은 대개 체중이 두 배가 되는 시기(4~6개월)에 거의 소모된다. 따라서 철분이 강화된 조제유를 먹이고, 이유식이 필요한 시기가 되는 모유 수유 영아도 철분강화 이유식을 먹어야 한다. 이유식을 소개할 때쯤이면 철분의 중요성을 우선적으로 고려하여야 한다.

수 분

영아는 체중 kg당 125~150ml의 수분을 필요로 한다. 모유 수유, 조제수유 영아는 이 양을 충분히 섭취하게 된다. 그러나 특히 더울 때나, 아이가 설사, 구토, 열 등으로 인해 수분 손실이 많을 때는 수분 보충이 더욱 필요하다. 영아는 쉽게 탈수가 되며 적절히 치료하지 않으면 심각하다. 영아 후기에는 고기, 우유, 계란 등의 고형식이 주어지게 되므로 이때는 수분 보충을 충분히 해주어야 한다.

영아의 영양급원

영아에게는 무엇보다 모유가 가장 좋으나 그 다음으로는

조제유를 첫해 동안에는 먹이는 것이 좋다. 수유시간은 스케줄에 맞게 고정된 시각에 먹이는 것보다 영아의 요구에 따라 먹이는 것이 좋다. 2~3개월의 영아는 매 3~4시간마다 배고파한다.

모유 수유나 조제유 수유 영아에게 4~6개월이 되면 이유보충식을 시작해야 한다. 생후 2~3개월이 되었을 때 시작해도 된다는 설이 한때 있었으나 너무 어린 영아는 삼키지를 못하고 또 소화시키지도 못하는 것을 고려할 때 바람직하지 않다. 4개월 이전에 이유식을 하면 아이가 빨리 크고, 밤에 잠도 잘 잔다는 것은 옳지 않다.

영아의 영양을 위한 권장사항

1. 적어도 4~6개월까지는 모유 수유를 반드시 한다.
2. 1년 정도까지 모유 수유를 지속하는 것이 좋으나, 조제유를 병행하여 먹여도 된다.
3. 4~6개월에 이유식을 시작하며 특히 비철분강화 조제유를 먹인 영아나 모유 수유 영아는 철분이 강화된 이유식을 먹어야 한다.
4. 아이는 정해진 시간보다는 아이의 요구에 맞게 주며, 먹는 데 흥미가 없을 때는 그만 먹인다.
5. 모유 수유 영아가 일광욕을 하지 못하는 경우에는 비타민 D 보충제(200IU, 5㎍)를 먹이도록 한다.

2. 이유보충식과 식생활 지도

이유보충식의 중요성

이유보충식의 주요 목적은 성장이 빠른 영아에게 영양소를 적절히 제공하기 위하여 모유 이외의 보충식을 주는 것이다. 따라서 소화생리 면에서 볼 때 가능한 음식을 선택하는 것이 중요하다.

1년생 영아가 읽고 쓰고 자전거 타는 것을 기대할 수 없는 것과 같이, 생리적으로 기능이 갖추어지기 전에 성인식이나 유아식을 먹기를 기대하는 것은 타당하지 않다. 이때 이유보충식은 모유나 조제유를 대신하는 것이 아니다. 모유나 조제유에 부가해서 보충하는 의미로 이유식을 주는 것이다.

1년이 되면 영아는 다양한 음식을 먹는 데 익숙해진다. 에너지 필요량이 증가함에 따라 모유 이외의 음식 섭취가 많아지게 된다. 그러면서 모유, 조제유의 섭취는 점차 감소하게 된다. 그러나 1년까지는 모유나 조제유가 아기에게 주요 에너지원일 뿐만 아니라 주요 영양 급원이다.

이유보충식의 시기와 방법

이유보충식을 시작하는 시기와 영아에게 주는 음식의 종류는 그림 2-1과 같다.

처음에는 곡류를 주어야 한다. 그것은 그 연령에 소화가 용이하며 쌀에 대한 알레르기는 거의 없기 때문이다. 특히, 모유

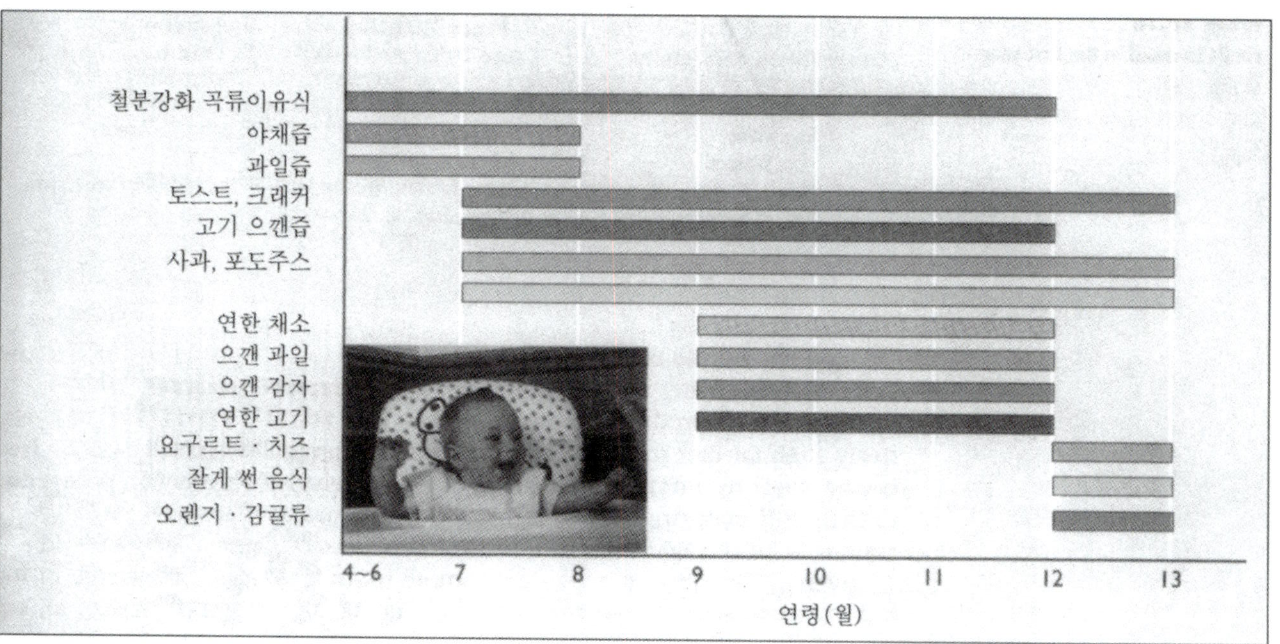

그림 2-1 영아용 이유보충식의 시기와 음식의 종류

자료: J. E. Brown(1999), *Nutrition Now*, Wadsworth Publishing Company.

수유, 조제유 수유 영아 모두에게 철분강화 제품을 추천한다. 이러한 철분강화 식품은 출생 후에 소모된 철분을 보충하기 위한 것이다. 일반적으로 영아의 이유식은 한 가지로 된 음식, 기본음식을 주는 것이 좋다.

이유식은 시판이유식이 있고, 집에서 만들어 먹일 수 있다. 집에서 직접 준비할 때는 다른 음식과 섞이지 않도록 주의하며, 아이에게 적절한 점성도를 맞추어 주어야 한다. 새로운 음식은 한 번에 한 가지씩만 주도록 한다. 또 다른 새로운 음식은 1주일 간격으로 줌으로써 음식 알레르기를 알아낼 수 있다.

6개월부터는 얼마나 다양한 음식을 소개시키느냐가 주요한 부분이다. 생후 9개월에는 치아가 6~7개 나므로 부드러운 음식을 씹을 수도 있어 요구르트, 바나나, 으깬 감자 등도 먹을 수 있다. 생후 12개월이면 다른 가족과 같이 성인식을 먹는다 해도 모든 음식은 으깨거나 잘게 잘라서 주어야 한다.

이유보충식의 종류

영아는 성장이 지속적으로 이루어지는 동시에 활동량도 증가함에 따라 에너지 및 다른 영양소의 필요량이 많아진다.

이 시기에 가장 주의깊게 고려해야 할 영양소는 철분이다. 신생아 때는 철분저장량이 충분한 상태로 태어난다 해도 생후 4~6개월이 되면 저장량이 감소하므로, 모유나 조제유에서 얻는 철분 이외에 이유식을 통해 철분이 공급되어야 한다.

따라서 철분이 강화된 이유식이 철분 보충에 적절한 식품이 되며 이는 생후 1년까지 먹이는 것이 좋다.

철분강화 시리얼로 이유보충식을 시작하는 것은 여러 면에서 장점이 있다. 그것은 우선 가장 편리하고 저렴한 가격으로 철분의 공급원이 되며, 그 외 액체와 쉽게 섞임으로써 영아가 삼키기 쉬운 상태가 되기 때문이다. 이는 철분 이외에도 칼슘, 인 그 외 비타민, 무기질을 공급하며 대부분의 영아들이 잘 먹고 소화도 잘된다.

영아용 시리얼

위에서 설명하였듯이 철분이 강화된 시리얼이 초기 이유보충식으로 가장 적합하다.

영아용 곡류 시리얼(rice cereal)은 한 가지로만 되어 있는 것과 여러 가지가 혼합된 것으로 되어 있다.

단일성분은 쌀, 보리, 귀리 등이며 혼합성분은 곡류의 혼합과 곡류 외 과일이 혼합된 것이 있다.

작은 병에 들어 있어 그냥 먹이는 것은 과일을 함유한 것이 대부분이다. 건조된 시리얼을 모유, 조제유에 타먹이는 것으로 액상이며 영아가 받아들이기에 적절한 점도를 유지하게 된다.

이유보충식은 반드시 스푼으로 먹여야 한다. 아이가 스푼으로 먹는 것에 익숙해지도록 처음에는 하루에 한 번씩 약 1~2 티스푼 정도만 먹이도록 한다.

영아가 시리얼에 잘 적응하게 되면 비타민 C가 풍부한 음식을 골라 먹이는 방법도 중요하다. 그렇게 함으로써 철분흡수를 도울 수 있다. 비타민 C는 주로 이유보충식에 들어 있는 철분 형태인 비헴철의 흡수를 잘 도와주기 때문이다.

과일 및 과일주스

과일은 두 번째로 소개되는 식품이다.

시판되는 영아용 과일은 비타민 C가 강화되어 있다. 대부분의 아이는 과일의 단맛을 좋아하며 이는 생과일이나 농축액으로 만들어진다. 신맛을 내는 것은 약간의 설탕이 가해지나 사과, 배는 무가당이다.

영아용 과일주스도 비타민 C가 강화되어 있다. 이는 설탕을 포함하지 않으며 과일 전체를 압축하든지 농축액으로 만드는 것이다. 6개월 또는 그 이상된 아이들에게 주스는 병이 아닌 컵에 담아주어야 한다.

몇몇 소아과 의사들은 주스는 첫돌이 지난 후 먹이라고 권장하기도 한다. 그러나 대부분 모유 수유 영아가 식욕에 지장을 초래하지 않을 정도의 적은 양은 먹여도 된다고 한다.

채 소

영아용 야채식은 비타민과 무기질의 좋은 급원이며 특히 비타민 A와 비타민 B군이 풍부하다.

대개는 과일에 이어 소개되는 음식이나 야채를 잘 받아 먹으면 그 순서가 바뀌어도 좋다. 그것은 아이가 단맛에 익숙해지면 야채의 맛을 덜 좋아할 수 있기 때문이다.

요구르트

영아용 요구르트는 성인용 요구르트보다 설탕이 적게 들어 있으며 칼슘, 인의 좋은 공급원이기도 하다. 요구르트는 영아들이 좋아하는 음식이므로 약 8개월경에 주는 것이 좋다.

육 류

육류는 보통 생후 8~10개월 사이에 주기 시작한다. 영아용 육류는 국물(broth) 형태로 되어 있는데 이것은 단백질, 비타민 B군, 철분의 좋은 급원이다.

처음에는 육류와 야채가 섞인 것이 좋으며, 그것은 육류로만 만든 것보다 단백질 함량이 낮기 때문이다.

영아는 모유, 조제유, 이유보충식으로부터 적절한 양의 단백질을 공급받고 있으므로 육류의 단백질은 영아 영양 면에서는 그리 심각한 부분은 아니다.

육류는 영아에게 쉽게 받아들여지지 않을 수도 있으나 그것은 큰 문제가 되지 않는다.

채식가의 영아 영양

어린 영아는 모두 락토채식가(lactovegetarion)로 볼 수 있다. 이는 어린 영아는 일광욕에 의해 비타민 D를 얻고 모유수유를 적절히 하게 되면 아이는 아주 잘 자라게 된다. 일반 조제유를 먹는 아이나 두유 조제유를 먹는 아이의 경우도 마찬가지다.

4개월이 지나게 되면 채식주의자인 경우에는 영양필요량을 충족시키는 면에 있어서 많은 관심이 필요하다. 모유 수유나 조제유 수유는 계속하면서 적절한 에너지와 철분 공급을 위해 이유보충식이 필요하다.

영아의 영양부족의 위험은 이유한 후에 오기 쉽다. 우유와 다양한 음식들로 이루어진 균형식을 먹는 채식가인 경우에는 성장에 필요한 영양요구량을 충족시키는 데는 별 문제가 없다.

그러나 이것은 채식가의 영아에게 항상 쉬운 것은 아니다. 연구에 의하면 채식 영아와 잡식 영아의 성장차이를 연구한 것에 의하면 모유를 떼고 고형식을 먹어가는 시기에 채식 영아의 성장 저하가 확실한 것으로 나타났다. 순수채식은 영아의 건강과 영양상태에 큰 위험요인이 될 수 있으므로 이러한 경우에는 소아과 의사와의 상담이 필요하다.

채식 영아에 있어 단백질・에너지 영양 불량, 비타민 D 결핍, 비타민 B_{12}, 철분, 칼슘 부족 등이 보고되고 있다. 채식은 섬유소의 복합탄수화물에 수분이 많으며 이는 저열량식이다. 또 곡류조리시 수분을 많이 흡수하여 부피가 3~4배까지 증가하기도 한다. 어린이의 위장 용량은 제한되어 있으므로 저칼로리 음식으로 위를 채우게 되면 다른 음식물을 먹을 수 없게 된다.

칼슘, 비타민 D 강화대두유, 비타민 B_{12}식품 보충, 비타민 C를 먹이는 것은 채식 영아에게 부족되기 쉬운 영양소를 보충할 수 있는 방법이다. 채식을 하는 집의 영아, 유아는 2세까지 철분강화 시리얼을 주어야 한다. 그리고 콩류나 전곡류로 된 음식이 육류 대신 주어져야 한다.

영아용 보충제

모유나 조제유를 잘 먹고 소화하며 적절한 성장이 이루어질 때는 따로 보충제가 필요하지 않다.

그러나 다음 두 가지 경우에는 보충제가 필요하다.

첫째 불소처리 되지 않은 물을 먹는 경우에는 모유 수유든지 조제유 수유든지 불소의 보충이 필요하며, 둘째로는 모유에는 비타민 D의 수준이 낮으므로 일광욕을 주기적으로 하지 못하는 경우에는 하루에 200IU의 비타민을 보충하도록 하고 있다.

표 2-2 생후 1세까지 피해야 할 음식

알레르기 음식	문제를 유발하는 음식	질식의 위험이 있는 음식
우 유	블루베리	포 도
계란흰자	커 피	핫도그 조각
생 선	옥수수	캔 디
견과류	꿀	딱딱한 채소
땅콩버터	자두주스	견과류
두유 단백질	차	팝 콘
밀제품		

피해야 할 음식

모든 음식이 아이가 먹기에 적당한 것은 아니다. 아이에게 알레르기를 가져올 수 있는 것이든지, 또는 아이가 씹고 삼키기에 너무 힘든 음식은 아이에게 주지 말아야 한다.

저지방 식품은 영아에게 특별히 권하지 않도록 한다. 영아는 고지방 식품섭취가 요구되는데 그것은 두뇌, 신경계 발달에 지방이 필요하기 때문이다.

아주 단맛을 지닌 것은 영아에게 적합치 않다. 그것들은 성장을 도와주는 영양소는 없고 에너지만 주어 비만의 우려가 있기 때문이다. 꿀, 콘 시럽은 보툴리누스 중독증(botulism)의 위험이 있으므로 절대로 주어서는 안 된다. 보툴리누스균은 무산소 상태에서 자라는 박테리아에 생기는 독소(toxin)로 식품 섭취시 유입되며 치명적인 영향을 줄 수 있다.

통조림에 들어 있는 야채는 소디움이 많이 들어 있으므로 이것 역시 영아에게 적합치 않다.

또한 영아나 어린아이들이 씹고 삼키기에 힘든 것은 피해야 한다. 예를 들면 팝콘, 포도알, 콩, 핫도그, 캔디, 넛츠 등을 들 수 있으며 이는 질식을 유발하기 쉬운 것들이다.

그 외 청량음료와 같이 당이 많이 있는 음료, 가당 과일주스는 치아손상의 우려 때문에 피하는 것이 좋다. 특히, 단 주스나 조제유를 넣은 우유병을 물고 잠드는 것은 꼭 피해야 한다.

만 1년생의 유아식

1세가 되면 생우유는 영아에게 필요한 좋은 영양원이 된다. 하루 2~3컵의 우유는 충분하며, 너무 많은 양의 우유를 섭취하면 다른 음식을 적게 먹게 되므로 우유 빈혈(milk anemia)를 초래할 수 있다. 1~2세의 아이는 저지방, 무지방 우유가 아닌 생우유를 먹여야 한다.

1세의 유아에게는 육류, 철분강화 시리얼, 곡류, 과일, 야채 등을 골고루 적당하게 주어 에너지 필요량과 영양소를 충당할 수 있는 충분한 양을 주어야 한다.

모쪼록 1세가 되면, 식탁에 앉아 다른 식구들과 함께 음식을 먹고 물을 마실 수 있도록 지도해야 한다.

표 2-3에는 0~만 1세에 이르는 영아가 먹을 수 있는 음식의 종류와 섭취기술을 요약하였다.

활동량

영아는 끊임없이 움직이는 것이 정상이다. 그들은 특별한 프로그램이나 기구 없이도 잘 논다. 부모는 아이에게 마음껏 움직이게 함으로써 정상적으로 활동할 기회를 주며, 동시에 운동의 자극도 준다.

활동적인 영아가 활발한 아이로 자란다. 활동은 영아로 하여금 비만의 문제로부터 멀어지게 하며, 아이들과 놀면서 사회성이 길러져 다른 사람의 생활과 접해 볼 수 있게 된다.

아이를 돌보는 사람은 영아에게 우유나 음식, 물을 적절히

표 2-3 영아가 먹을 수 있는 음식과 섭취기술

연령(개월)	섭 취 기 술	먹을 수 있는 음식
0~4	· 물체를 향해 고개를 돌림 · 점점 혀끝을 사용해 삼키는 것이 시작됨 · 처음 2~3개월은 분출반사로 삼킴	· 모유나 조제유
4~6	· 분출반사 감소 · 액상이 아닌 음식도 삼키기 시작 · 입을 벌려 앞으로 누워 배고픔을 알림 · 머리를 돌리며 뒤로 젖혀 배부름과 먹기 싫다는 것을 표현 · 6개월경에 보조해 주면 똑바로 앉음 씹기 시작 · 손을 입에 가져가며 손바닥으로 물체를 움켜 쥠	· 모유와 함께 철분강화 시리얼, 조제유, 물, 야채, 과일 수프
6~8	· 손으로 음식을 집어 먹음 · 손가락으로 쥘 수 있으며, 컵으로 마시기 시작	· 시리얼 · 영아용 과일야채 주스
8~10	· 병을 잡아 들며 손으로 음식과 스푼을 잡기 시작 · 보조 없이도 앉음	· 영아용 식탁에서 시리얼을 먹으며 요구르트도 먹기 시작 · 부드러운 야채, 과일을 식탁에서 먹음 · 점차 잘게 썬 고기, 생선, 치즈, 달걀도 먹기 시작
10~12	· 음식을 흘리지만 수저를 사용	· 식탁에서 먹으며 채소, 과일, 육류, 생선, 달걀 등을 골고루 먹음

자료: S. R. Rolfes et al.(1998).

공급하는 데 중요한 책임이 있다. 그리고 아이들이 자라고 성장하는 데 있어 안전하고 사랑스러우며 편안한 환경을 만들어 주는 것 또한 중요하다.

영아를 적절히 잘 먹이는 것이 곧 영아의 영양과 건강을 유지하는 길이다. 특히, 영유아 시기의 식습관은 전 생애기간 동안에 걸쳐 여러 음식에 대한 태도에 영향을 미칠 수 있다.

영아의 식습관 형성

첫째, 영아에게 영양가 있는 음식을 종류별로 다양하게 먹인다.

둘째, 아이가 배고플 때 먹도록 하고, 배가 부르다고 느낄 때는 그만 둔다. 배고픈 것과 배부른 것은 아이가 아는 것이지 부모가 알 수 있는 것은 아니기 때문이다.

셋째, 음식은 어른의 관심 속에 편안한 환경에서 주어야 한다.

넷째, 음식이 보상, 벌, 아이를 조용히 하기 위해 이용되어서는 안 된다.

다섯째, 아이에게 음식을 억지로 먹도록 강요해서는 안 된다.

여섯째, 음식에 대한 기호는 수시로 변한다. 한 번 거절한 음식이라 해서 다음 번에도 반드시 거절하는 것은 아니다. 음식을 주는 상황에 따라 더 나아질 수도 있다. 그러나 맛과 향이 강한 채소는 클 때까지 좋아하지 않는 경향이 있다.

아이에게 음식을 먹이는 것과 스스로 먹는 것 가운데
항상 이기는 것은 아이의 의지대로 먹는 것이다.
아이들에게 먹도록 강요하는 것은 문제를 만든다.
먹는 것 자체를 즐기도록 해야 한다.

영아를 위한 식생활 지도

영아의 적절한 영양관리를 위한 식생활 지도 방법을 다음과 같이 요약해 볼 수 있다.

첫째, 다양한 음식을 소개한다. 처음 1개월간은 모유가 유일한 영양공급원이다. 영아가 새로운 음식을 먹을 준비가 되면 한 번에 한 가지씩 주기 시작한다. 첫해 동안은 영아가 여러 영양가 있는 식품을 골고루 좋아하도록 습관을 들인다. 이유기의 첫걸음이 일생 동안의 건강한 식습관을 갖는 초석이 된다.

둘째, 영아의 식욕에 주의를 기울여 너무 적게 또는 너무 많이 먹지 않도록 한다. 아이가 배고플 때 먹인다. 아이가 원하지 않을 경우 억지로 음식을 먹이지 않도록 한다. 배고픔과 배부름의 신호를 잘 파악한다.

셋째, 영아의 지방공급을 충분히 한다. 성인에 있어서는 지방이 여러 가지 건강문제를 야기할 수도 있으나 영아에게는 꼭 필요하다. 지질은 영아 성장에 있어 중요한 에너지원인 동시에 두뇌, 신경계 조직 발달을 도와준다.

넷째, 과일, 채소, 곡류를 먹이고 섬유질 음식을 피한다.

고섬유질 식사가 성인에게는 이로울 수 있으나, 영아에게는 그리 좋지 않다. 섬유질은 부피가 있고, 쉽게 배부름을 느끼며 저에너지 함유식이다. 과일, 채소, 곡류에 원래 함유되어 있는 섬유질 정도면 영아에게는 적당하다.

다섯째, 영아는 적절한 당질도 필요하다. 당질도 영아의 빠른 성장에 중요한 에너지원이다. 모유나 과일, 주스와 같은 음식에 들어 있는 당이나 그 영양소 모두 중요하다.

여섯째, 영아는 적절한 양의 소디움도 필요하다. 소디움은 거의 모든 식품에 들어 있는 필요한 무기질이다. 건강한 식사를 고려할 때 영아의 원활한 체내대사를 위해 필요한 성분이다.

일곱째, 철분, 아연, 칼슘이 풍부한 음식을 먹이도록 한다. 영아는 만 2세까지 최대의 성장을 위해 철분, 아연, 칼슘이 풍부한 음식을 먹이는 것이 좋다. 이러한 무기질은 혈액 조성, 성장, 강한 뼈 조성에 아주 중요하다.

제3장 영아는 어떤 건강상의 문제가 있는가?

1. 영양과 관련된 건강문제

설 사

신생아의 설사는 박테리아나 바이러스 오염 등 여러 가지 원인으로부터 올 수 있다. 많은 영아들이 설사로 인해 단순 탈수가 오며 심하면 병원에 입원하는 경우도 있다. 탈수를 예방하기 위해서는 설사하는 아이에게 충분한 양의 수분을 섭취시키고 의사의 지시를 따른다. 당, 소디움(Na), 포타슘(K), 염소(Cl)와 수분을 함유한 영아용 특수음료를 준다. 인공 수유 영아가 설사를 하면, 두유로 만든 조제유나 유당을 제거한 조제유를 2~3일간 먹인다.

우유 알레르기

우유에는 영아에게 알레르기 반응을 일으킬 수 있는 단백질이 무려 25종 이상 들어 있다. 그러나 다행히 우유를 열처리하는 과정에서 이러한 단백질이 대부분 불활성화 되지만, 열에 안전한 단백질도 있다. 우유 알레르기는 인공수유 영아의 약 1~4% 정도 발생한다. 이런 경우에는 구토, 설사, 혈변, 변비나 그 외 증상이 있을 수 있다.

우유 알레르기를 보이면, 바로 두유 조제유로 바꾸어 준다. 두유 조제유의 사용도 단기간의 치료효과만 있을 뿐이라고 한다. 왜냐하면 두유 단백질도 결국 알레르기 반응을 일으키기 때문이다. 이런 경우에는 단백질 가수분해 조제유가 좋다.

철분결핍성 빈혈

철분결핍성 빈혈은 주로 우유에만 의존하고 이유식을 잘 먹지 않는 영아에게서 흔히 발생한다.

철분 저장량은 새로운 혈구세포 합성을 위해 매일 빠르게 소모된다. 영아의 빈혈을 예방하기 위해서는 우선 철분이 강화된 시리얼, 육류를 생후 6개월부터 먹이기 시작하고 조제유 섭취를 하루 500~750ml로 제한해야 한다. 우유에는 철분이 적을 뿐 아니라 영아의 장출혈을 일으킬 수 있기 때문이다.

이미 언급된 바와 같이 만 1세 이하인 아이에게는 우유를 주지 않는 것이 좋다. 빈혈 발생시에는 의사의 지시에 따라 철분 보충제를 주어야 한다.

단백질 및 에너지 영양불량

단백질 및 에너지 영양불량은 단백질과 에너지가 모두 부족한 경우를 말하며 이는 영아나 유아 초기에 흔히 나타난다.

오늘날 세계에서 많은 아이들이 이러한 상태에 있으며 매년 33,000명의 어린이가 영양불량이며 또한 감염질환으로부터 앓고 또 죽어가고 있다.

초기 영양 불량은 두뇌 발달과 신체적 발달 모두를 저해할 수 있다.

신생아나 유아 초기의 영양불량은 영영 회복되지 않는 것인지 또는 영양상태가 좋아지면 회복되는 것인지에 대해 많은 논란이 있으나 확실한 대답은 영양불량이 오는 시기, 심각한 정도, 영양불량이 지속된 기간 등에 따라 다를 수 있다는 것이다.

신체적 성장

신체적 성장은 영양상태, 변화에 의해 두뇌발달보다 영향을 덜 받는 것 같다. 어린이는 놀랍게도 초기에 아주 심각하게 영양불량인 것을 제외하면, 영양이 회복되면 원래의 성장패턴으로 되돌아오는 것을 볼 수 있다. 즉, 놀라운 따라잡기성장(catch-up growth)을 하는 것이다(그림 3-1).

예를 들면, 몇 주 동안 식품섭취 부족으로 인해 급성단백질 및 에너지 영양불량이 된 아이는 그 키에 비해 작아 쇠약하기는 하나 성장부진상태는 아니었다. 아이는 그후 체중에 있어 따라잡기성장이 아주 현저하게 늘어나는 것을 알 수 있다. 반

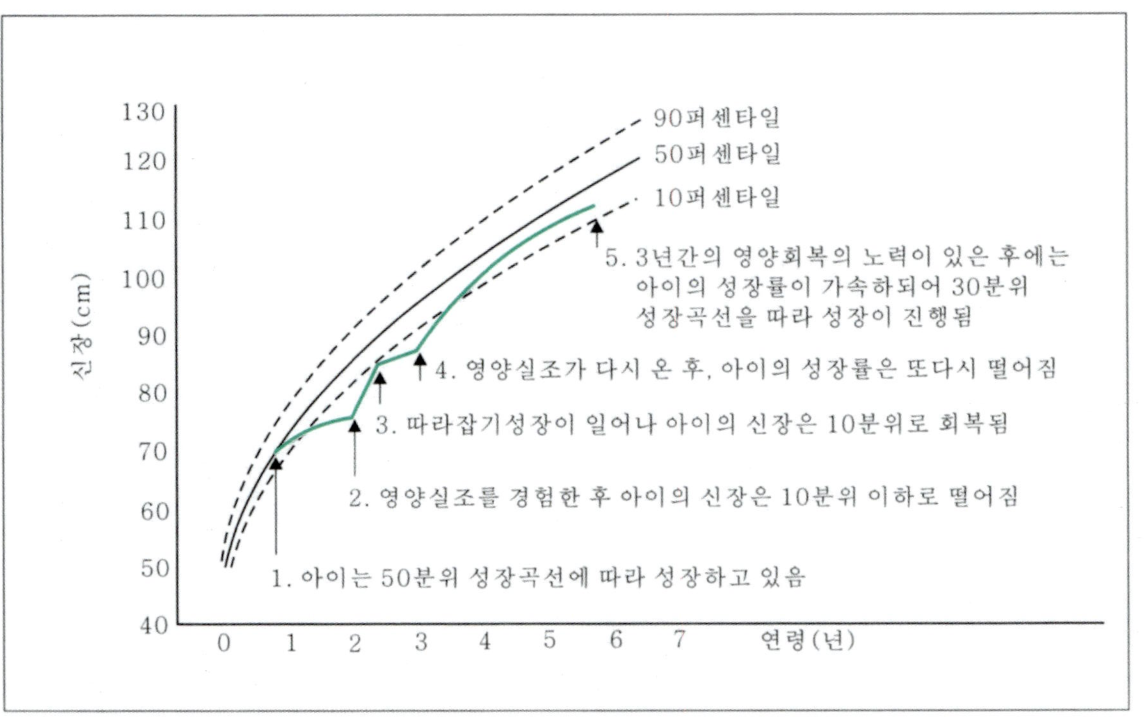

그림 3-1 따라잡기성장의 예

자료: Adapted from A. Prader, J. M. Tanner and G. A. von Harnack(1963), Catch-up growth, following illness or starvation: An example of developmental canalization in man, *Journal of Pediatrics 62*.

면에 몇 해에 걸쳐 식량부족으로 인해 초래된 만성적인 단백질 및 에너지 영양불량에 걸린 아이는 따라잡기성장이 아주 천천히 일어나는 경향이 있다. 따라잡기성장의 속도는 제 연령아의 거의 4배에 달하며, 따라잡기성장의 속도 범위는 단백질 및 에너지 영양불량 발생 이전의 영양상태나 성장상태에 따라 달라진다.

두뇌 발달

영아에 있어서 영양불량이 두뇌의 성장발달이나 지적 능력에 미치는 영향을 파악하는 것은 불가능하지는 않지만 어려운 일이다.

영양이라는 것은 두뇌 발달, 지적 능력에 영향을 미치는 여러 관련 요인들 중에 하나일 뿐이다. 따라서 이러한 두뇌발달은 성장을 측정하는 것보다는 더 복잡하고 어렵다.

신생아 기간 동안 심각한 영양불량을 경험한 아이의 지적 기능이나 신체적 성장에 미치는 영향을 연구한 것에 따르면, 20명의 심각하게 영양불량인 아이들을 15년간 지속적으로 연구한 결과, 전반적이고 돌이킬 수 없는 지적 능력 장애를 초래한 것으로 나타났다.

영양이 회복되었음에도 불구하고 이런 손상은 영구적으로 나타났다. 여러 해에 걸쳐 영양회복을 시켰을 때 평균 신장 면에서는 정상군과 영양불량군 사이의 차이는 줄어들었다.

그러나 머리둘레의 차이는 늘어났다. 머리둘레의 감소는

결국 두뇌의 성장부진을 반영하며 이는 초기의 심각한 영양불량이 영구적으로 영향을 미친 것이다.

또 다른 연구를 보면, 생후 첫해에 심각한 단백질 및 에너지 영양불량에 걸렸던 5~11세 아이를 대상으로 한 연구에 의하면, IQ 측정 결과 비슷한 사회적 배경에 있으면서 영양불량의 경험이 없던 아이와 비교할 때 더 낮은 수치를 보였다. 동료들과 비교해 보아도, 영양불량 경험이 있는 아이들은 감정적으로 더 불안정하며 행동상태도 더 좋지 못한 것으로 나타났다.

2. 미숙아

태아에 있어 재태 기간의 마지막 3분기에는 영양소의 저장이 이루어지는 시기인데 미숙아인 경우에는 충분한 저장량이 없이 태어나게 된다. 또 실제적으로 대사상에 미숙한 점이 있을 수 있다. 예를 들면, 소화기관이 미숙하기 때문에 지방이나 칼슘과 같은 영양소의 흡수가 잘 이루어지지 않는다. 또 신장기능의 미숙으로 인해, 혈액 내 특수한 아미노산 농도가 높아 두뇌, 간에 손상을 줄 수도 있다.

요약하면, 미숙아, 저체중아는 영양불균형이 되기 쉽다. 이러한 여러 가지 이유로 인해 미숙아는 특수 조제유나 일정기간 동안 입원 치료를 받아야 한다.

또 단백질, 무기질과 에너지 함량을 추가로 증가시켜야 한다. 시스테인(cysteine)과 같은 특정 아미노산이 미숙아에게는 필수적이며 비타민 E, 엽산, 비타민 B_{12} 등이 중요하다. 미숙아는 출생 직후부터 바로 먹여야 한다. 그것은 지방이나 글리코겐 저장량이 낮기 때문이다. 예를 들면, 만기 출생아는 체중의 약 12%가 지방인 반면에 미숙아는 체중의 약 2%만이 지방인 경우도 있다.

미숙아, 저체중아 영양결핍의 위험요인

첫째, 영양저장량이 낮다. 미숙아는 글리코겐, 지방, 단백질, 지용성 비타민, 칼슘, 인, 마그네슘의 미량영양소의 저장이 완성되기 전에 태어난다.

둘째, 성장률이 빠르다. 따라잡기 성장을 하므로 성장률이 아주 높아 에너지 및 영양소 필요량이 높다.

셋째, 영양소 흡수에 장애가 있다. 담즙산, 지방 분해효소가 불충분하므로 지방 소화, 지용성 비타민의 흡수를 저해한다.

넷째, 분비기능과 신장기능이 미숙하다. 미숙아는 소변의 농축과 희석, 노폐물의 배설능력이 제한되어 수분 균형 및 산, 염기 평형에 문제가 있어 단백질의 섭취 제한이나 무기질 손실을 초래한다.

다섯째, 소장과 호흡기계 기능저하, 감염의 위험이 있다. 폐기능 저하, 면역 능력 저하로 인한 감염의 우려가 있다.

비타민 E

미숙아는 비타민 E의 영양상태가 저조하다. 미숙아에 있어 비타민 E의 결핍은 용혈성 빈혈을 가져올 수 있다. 미숙아는 너무 작아 모유를 빨거나 조제유를 먹는 것이 불가능하다. 더욱이 소화기관이 미숙하여 지질 흡수가 잘되지 않고 수용성으로 된 비타민 E의 투여도 쉽지 않다. 따라서 구강으로 섭취가 가능할 때까지 장관영양(parenteral nutrition)으로 보충할 수 있다.

엽 산

미숙아, 저체중아는 엽산저장이 적으므로 빨리 소모된다. 출생시에는 미숙아나 만기출산아 모두 혈장 내 엽산 농도가 성인보다 더 높다. 그러나 그후 엽산 농도가 떨어지나 미숙아인 경우에는 아주 빠르게 떨어진다.

따라서 하루에 50㎍ 정도는 주어야 빈혈을 예방할 수 있다고 한다. 또 모유나 조제유를 적게 먹기 때문에 다른 비타민 B의 결핍도 종종 보고된다.

철 분

저체중아는 만기 정상 체중아보다 더 많은 철분을 필요로 한다. 그것은 철분 저장량이 적고 또 성장 속도가 빠르므로 저장량이 쉽게 소모되기 때문이다. 모유를 먹이는 저체중아는 1개월 때부터 체중 1kg당 2mg의 황산철(ferrous sulphate)을 주되 15mg을 넘지 않도록 한다. 철분강화조제유를 먹는 미숙아는 보충이 따로 필요없다.

칼 슘

분만예정일 8～10주 전에 때어난 아이는 만기출산 아이에 비해 칼슘량이 30%에 불과하므로 칼슘요구량이 아주 높다.

또 3/3분기 마지막에 일어나는 뼈의 정상적인 석회화가 일어나지 못했기 때문에 골연화증, 구루병과 같은 뼈질환이 초래되기도 한다. 이는 영아체중에 영향을 미칠 수 있으며, 아이가 작을수록 뼈질환의 위험성이 큰 것으로 보고 있다.

제4장 영양상태는 유아의 성장에 어떤 영향을 주는가?

1. 유아의 신체적 특징

유아기는 만 1세 이후부터 초등학교 입학 전까지를 말한다. 성장이 지속되는 기간 동안 영양소의 필요량도 변화하는데 그것은 유전성, 성장률, 활동량 그 외 다른 요인들에 의해 차이가 있다. 개인마다 차이가 많지만 일반화하는 것은 가능하고 또 필요한 일이다. 유아기 동안의 적절한 영양공급은 정상적인 성장발달을 가져오며 학습능력, 신체행동 능력도 향상시키고 성인기에 많은 비만, 심장질환, 암, 그 외 다른 퇴행성 질환의 발병도 미리 예방할 수도 있으므로 이 시기의 좋은 식습관 형성은 중요하다.

유아들은 영아기와는 달리 매끼 식사와 스낵으로부터 영양소를 섭취하므로 맛이 좋으면서 영양이 풍부한 음식을 골라 먹이는 것이 어린이를 돌보는 이의 큰 책임이기도 하다. 유아

1~2세

성장률은 낮으나 체중과 신장이 증가, 식욕 저하, 손가락으로 물체를 쥔다. 대천문이 작아지다가 사라진다. 치아가 계속 나온다. 하루 한 번 정도 낮잠을 잔다. 컵으로 마시며 수저로 음식물을 스스로 먹는 시도를 한다.

2~3세

체중과 신장이 천천히 불규칙하게 증가한다. 치아 20개가 난다. 뛰고 오르며 한 계단씩 걸을 수 있다. 손, 수저, 컵을 이용해 먹으나 실수가 많다. 한 번에 한 가지 음식을 좋아한다. 배고프면 먹어야 한다는 것을 인지한다.

3~4세

체중은 2~3kg, 신장은 5~7cm 정도 증가. 컵 사용이 자유롭고 흘리지 않고 음료를 따른다. 낮잠을 자기보다는 조용히 노는 것으로 대신한다.

4~5세

체중, 신장 증가는 지난해와 흡사하며 공놀이를 하고 손놀림이 좋아 단추와 운동화끈 묶는 것을 한다. 수저와 포크를 사용해 혼자서도 잘 먹는다.

5~6세

성장은 지속되며 다리가 길어짐. 6세에 어금니가 나며 앞니는 빠지기 시작한다. 단일 종류의 단순한 맛의 음식을 좋아한다.

그림 4-1 1~6세의 성장발달

자료: J. E. Brown(1999), *Nutrition Now*, Wadsworth Publishing Company.

들은 영양소와는 관계없이 좋아하는 음식과 싫어하는 음식이 생긴다. 또 영양적으로 우수한 식품을 동료나 매스컴을 통하여 접하기도 한다. 또한 어린이들이 먹는 것은 건강에 크게 영향을 끼친다. 어린이들은 이때 식습관이 형성되어, 성인기(미래)까지 지속된다.

여기서는 학령전기 아동까지를 다루며 이 시기의 성장발달 과정은 그림 4-1과 같다.

성 장

생후 1년 동안 아주 빠른 성장을 보인 이후 성장이 느려져 1세에서 2세 사이에 키는 약 10cm가 큰다. 그 후 키는 청소년기에 달할 때까지 매년 5cm 정도 자란다.

체중은 청소년기 전까지 매년 약 2.2kg씩 증가하는 양상을 보인다.

뼈길이 증가, 근육의 발달은 외형적으로 보이는 어린이 성장의 확실한 모습이며 그 외 결체조직, 치아, 체지방, 피부, 신경계의 다른 조직들도 모두 성장한다.

발 달

키와 체중의 증가는 어린이가 성장하는 모습을 보이는 여러 변화 가운데 대표적인 두 가지다.

1세가 되면 아이는 혼자서 걷기 시작하며, 2세가 되면 혼자서

걷고 뛰며, 3세가 되면 아이는 점프를 해서 올라타기도 한다.

뼈와 근육의 양은 밀도가 증가하므로 새로운 수행능력이 완성된다. 아이가 2세로 접어들면서 성장은 느려지나 발달은 아주 빠르게 진행된다. 두뇌와 중추 신경계가 성숙되어 근육 조절, 협동, 새로운 기술의 수행능력이 생긴다. 2세에 이르면, 대부분의 치아가 나오고 턱근육의 조절이 가능해진다. 이때 1세 때와는 달리 다양한 음식을 먹을 수 있다.

영아기 때 음식이든 아니든 무조건 입에 대는 것과는 달리, 이때는 먹을 것과 마실 것을 선택하여 어떻게 할 것인가를 알게 된다. 이러한 행동은 아이의 심리적 발달에 영향을 준다.

2세 아이들은 스스로 하는 것을 보이려 한다. 또, 그들의 부모로부터 다르다는 것을 증명하기 위해 많은 경우 '아니야'라는 말을 많이 하게 된다.

걷기 시작하면서 독립심과 호기심이 생기고 아이로 하여금 안 되는 것도 있다는 것을 알려줌으로써 불합리한 요구를 하지 않게 하는 것도 이 시기의 부모로서의 과제이기도 하다.

잦은 식욕 변화

성장이 일어나지 않을 때 어린이들은 음식에 흥미를 잃고 잘 먹으려 하지 않는다. 그래서 '푸드 잭(food jags)'과 같은 식사행동을 보일 수도 있다. 푸드 잭이라 함은 몇 가지 좋아하는 음식(예, 땅콩버터, 젤리, 시리얼)만 먹으려 하는 행동을 말한다.

이러한 식욕 저하가 있으므로 영양밀도가 높은 음식을 선택하여 제공하는 것이 중요하다. 전곡류, 과일, 야채와 같이 지질이 많지 않은 식품을 강조할 때에 이르렀다.

아침식사용 전곡류 시리얼은 적은 지질과 당을 가지고 있어 어린이에게 아주 좋다. 그러나 지질 섭취를 심하게 제한할 필요도 없거니와 아주 많이 먹이려 해도 안 된다.

학령 전기는 아이들로 하여금 규칙적인 신체활동이라든지 좋은 생활태도와 영양가 있는 음식의 섭취와 식사습관을 들이기 시작하는 데 아주 적절한 시기이며, 이때 부모가 좋은 모델이 된다. 만약 부모가 다양한 음식을 골고루 먹는다면, 어린이도 다양하게 먹을 것이다.

한편, 어린이는 그들 앞에 주어진 음식을 먹는다. 전곡시리얼, 통밀빵, 야채, 샐러드, 과일을 규칙적으로 주면 어린이들은 대부분 먹게 된다. 기억 속에 있는 음식은 기피하게 되므로 만약 부모가 특정한 음식을 좋아하지 않더라도 아이에게 권해 먹여 보도록 한다.

좋은 식습관 형성

어른들은 아이가 특히 배고플 때 항상 먹던 익숙한 음식에 이어 새로운 음식을 줌으로써 아이를 격려한다. 그 후 새로운 음식을 반복해 준다. 또 온 가족이 함께 식사를 하면서 새로운 음식을 시도하는 것 또한 좋은 방법이다. 어린이들은 다른 사람들이 새로운 음식을 먹으면서 즐거워하는 것을 보면 쉽게 받아들이게 된다. 이 시기에 어린이들은 특히 익숙하지 않은 음식에 대해 두려워하며 거부한다. 그것은 미각이 어른들보다 훨씬 예민하기 때문이다.

바삭거리며 맛이 부드러운 음식은 대부분의 어린이들이 좋아하며 뜨거운 음식은 민감하게 거절한다.

어린이들에게 다양한 음식을 먹이는 훈련을 시키는 데는 어른들의 관심과 인내심이 매우 필요하다.

아이들은 스스로 좋아하고 또 매일 먹으려 하는 새로운 음식을 찾기도 하여 어른들을 놀라게 한다. 지속적으로 새로운 음식을 소개시킴으로써 실험적으로 먹어 보게 하는 것이 다양한 음식의 귀중함도 배울 수 있을 것이다.

어린이들은 다른 사람과 함께 식탁에 있을 때 좋은 식사매너를 쉽게 배울 수 있다. 따라서 좋은 식사매너와 함께 좋은 식사습관을 함께 배우도록 한다. 다른 가족들과 함께 좋은 분위기에서 음식을 즐기는 동안 어린이들은 그들을 따라하려고 노력하게 된다.

식사시간은 행복하고, 건강한 좋은 음식을 즐겁게 나눈다는 사교시간이 되어야 한다. 그래서 적어도 하루에 한 끼는 식탁을 잘 꾸며 온 가족이 식사함으로써 좋은 식습관을 익히고 좋은 영양가 있는 음식을 선택하는 것을 배우도록 도와준다.

표 4-1에 1~5세 어린이의 감정 상태 및 식사습관, 음식섭취 기술의 발달과정을 요약하였다.

표 4-1 어린이의 연령에 따른 감정변화와 음식섭취 기술의 발달과정

연 령	어린이의 감정	식 사 습 관	음식 섭취 기술
1~2세	· 새로운 것에 대한 두려움 · 나눔을 잘 못함 · 지속적인 돌봄이 필요 · 혼자 둘 수는 없음 · 호기심	· 까다롭다 · 삼키지 않고 입에 넣음 · 같은 음식을 자꾸 먹으려 함	· 수저 이용이 가능 · 찢고 부수고 음식을 섭취 · 한 손으로 컵 이용을 잘함 · 혼자 먹으려 시도
3세	· 모든 일에 다 참견하고 싶어함 · 선택에 반응이 좋음 · 함께 공유는 잘 못함 · 정해진 그대로 하는 특성	· 몇몇 야채를 제외하고 거의 먹음 · 배고프지 않을 때는 음식을 놓고 게으름 피움 · 음식 주는 것에 대해 지적	· 수저 이용이 나아짐 · 중간 손 근육 발달 · 배고플 때 혼자 먹을 수 있음 · 우유나 주스를 컵에 따를 수 있음
4세	· 물질을 공유할 마음을 가짐 · 어른의 주의와 감독이 필요 · 안 되는 것이 있음을 이해 · 규칙대로 함 · 정해진 그대로 해야 함	· 말이 많아짐 · 좋고 싫은 음식이 확실해짐	· 모든 먹는 기구 사용이 가능 · 작은 손가락 근육 발달 · 닦고 씻고 식탁 보기 · 적당량 붓는 기술 · 음식 껍질을 까고 바르고 자르고 말고 부수는 기술
5세	· 집안식구와 돕고 협동심 · 규칙대로 하기를 고집함 · 엄마, 집, 가족에 집착함	· 대부분 익숙한 음식을 좋아하고 생야채도 좋아함	· 손과 손가락의 이용이 원할 · 간단히 아침식사나 점심을 준비함 · 무게를 달고 자를 줄도 암

2. 유아의 영양 필요량

어린이의 식욕은 만 1세경에 감소하기 시작하며 동시에 성장도 느려진다. 따라서 식품섭취와 성장패턴이 자연스럽게 일치한다. 성장이 느릴 때보다 성장이 빠를 때 음식을 더 많이 먹으려 한다.

때로는 배부르지 않은 듯 계속 먹으려 하나 때로는 공기와 물만 먹고사는 듯할 때도 있다. 아이들은 매 끼니마다 에너지 섭취량에 차이가 많은 것 같아도 결국 하루 총에너지 섭취량은 거의 일률적이다. 아이가 한때 너무 적게 먹는다 싶으면 다른 끼니에 더 많이 먹기 때문이다. 그러나 비만아는 예외이다.

에너지

어린이 개개인의 에너지 필요량은 성장, 신체 활동에 따라 각기 다르다.

1세 아이는 약 1,000kcal가 필요하고, 3세 아이는 약 1,400kcal 정도 필요하다.

이 때문에 총에너지 섭취량은 연령 증가와 함께 조금씩 증가하며 체중 kg당 에너지 요구량은 점차 감소하게 된다.

단백질

에너지의 경우와 같이 총단백질 필요량은 조금씩 증가한다. 그러나 아이의 체중을 고려한다면, 단백질 필요량은 사실

표 4-2 한국인 영양섭취기준(유아)

성별	연령	체위기준치		에너지(kcal)	단백질(g)		식이섬유 (g)	수 분 (ml)	비타민A (㎍ RE)	비타민D (㎍)	비타민E (㎍-TE)
		신장(cm)	체중(kg)	필요추정량	평균필요량	권장섭취량	충분섭취량	충분섭취량	권장섭취량	충분섭취량	충분섭취량
유아	1~2(세) 3~5	85.9 102	12.2 16.3	1,000 1,400	12 15	15 20	12 17	1,100 1,400	300 300	10 10	5 6

비타민K (㎍)	비타민C (mg)	티아민 (mg)	리보플라빈 (mg)	나이아신 (mg NE)	비타민B_6 (mg)	엽 산 (㎍ DEF)	비타민B_{12} (㎍)	판토텐산 (mg)	비오틴 (㎍)	칼 슘 (mg)	인 (mg)
충분섭취량	권장섭취량	권장섭취량	권장섭취량	권장섭취량	권장섭취량	권장섭취량	권장섭취량	충분섭취량	충분섭취량	권장섭취량	권장섭취량
25 30	40 40	0.5 0.5	0.6 0.7	6 7	0.6 0.7	150 180	0.9 1.1	2 2	8 10	500 600	500 500

나트륨 (mg)	염 소 (g)	칼 륨 (g)	마그네슘 (mg)	철 (mg)	아 연 (mg)	구 리 (㎍)	불 소 (mg)	망 간 (mg)	요오드 (㎍)	셀레늄 (㎍)	몰리브덴 (㎍)
충분섭취량	충분섭취량	충분섭취량	권장섭취량	권장섭취량	권장섭취량	권장섭취량	권장섭취량	권장섭취량	권장섭취량	권장섭취량	상한섭취량
0.8 1.0	1.2 1.5	2.5 3.0	75 100	7 7	3 4	300 380	0.6 0.8	1.2 2.0	80 90	20 25	100 150

자료: 한국인 영양섭취 기준, 한국영양학회(2005).

상 감소하는 것이다. 단백질 필요량을 산출할 때는 질소 평형, 단백질의 질, 성장에 필요한 양 등을 함께 고려해야 한다.

비타민과 무기질

어린이의 비타민, 무기질 필요량은 연령의 증가와 함께 증가한다. 아이가 균형 있는 음식을 먹는 경우에는 이러한 영양소의 필요량은 거의 제공되나, 철분의 경우는 꼭 그렇지 않을 수도 있다. 철분결핍성 빈혈은 세계적으로 어린아이들의 주요 영양문제이다.

세계적으로 WHO에서는 유엔의 소위원회에서 철분 결핍을 퇴치하기 위해 10년 계획을 수립하여 수행 중에 있다. 미국에서도 어린이의 철분결핍을 줄이는 것이 건강의 우선 순위 중 하나이며, 철분결핍을 예방하기 위해서는 어린이의 음식을 통해 하루에 10mg의 철분이 공급되어야 한다. 이를 위해서는 식사와 스낵에 철분강화 식품을 먹어야 한다. 우유 섭취는 하루에 3~4컵으로 제한하고 대신 살코기, 생선, 닭고기, 계란, 전곡빵, 시리얼을 주어야 할 것이다.

우유는 철분 수준이 낮으며 우유가 어린아이 식사에서 주요식사라는 것을 생각한다면, 철분 섭취량이 저조한 것은 놀랄 일이 아니다.

체내의 철분 영양상태는 철분이 흡수된 이후에 얼마나 잘 절약되고 또 재이용이 잘되느냐에 달려 있다. 따라서 철분의 상태도 어른과 달리 철분 섭취에만 달려 있다기보다는 음식

섭취와 식습관이 철분평형에 아주 중요하다.

성인남자는 필요한 철분의 약 95%가 재이용되므로 단지 5%만이 음식으로부터 공급되면 된다. 그러나 아이들은 70%가 재이용되므로 나머지 30%는 음식물로부터 공급되어야 한다.

영양보충제의 이용

부모들은 아이들의 식사만으로는 영양부족이 올지도 모른다는 생각 때문에 비타민, 무기질 보충제를 주고 있다. 보충제는 가격 면에서 많이 비싸지도 않고 또 처방전 없이도 쉽게 구입할 수 있다.

어린이용 보충제는 모든 비타민이 다 들어 있는 것이 보통이나 단지 철분, 아연, 칼슘 및 그 외 무기질은 보충제에 따라 함유량, 함유 여부가 다르다.

대부분 아이들의 경우에 매일 먹는 보충제는 불필요하다. 그 이유는 균형 잡힌 식사를 잘하는 아이들은 모든 필요한 영양소를 다 공급 받을 수 있기 때문이다. 이때 보충제가 영양상태를 더 좋게 하지는 않는다.

다음과 같은 특수한 그룹의 아이들은 보충제로부터 효과를 볼 수 있다고 본다.

첫째, 영양부족에 시달리는 아이

둘째, 음식을 먹지 않거나 좋지 못한 식습관을 가진 아이

셋째, 채식가와 같이 식사를 제한적으로 하는 경우

넷째, 낭포성 섬유종 같은 만성질환이 있는 아이

그러나 음식이 모자라서 영양불량이 생긴 아이들이나 결핍된 필수영양소는 보충제로 해결되지는 못 한다.

어린이에게 비타민 보충제를 먹이는 것은 그리 어렵지 않다. 아이들은 과일 맛을 내거나 만화 모양으로 되어 쉽게 씹어 삼킬 수 있는 것이면 잘 먹는다. 단지 이러한 타블렛들을 장기간 많이 복용할 때 중독을 초래할 수도 있는데 특히 철분보충제의 경우에 그러하다.

철분보충제 이용의 위험

미국에서는 철분보충제가 6세 이하 어린이에 있어 중독사를 초래하는 주요 원인이기도 하다.

식품의약국(FDA)에서는 30mg 또는 그 이상의 철분이 함유된 보충제는 라벨에 철분 중독 주의 표시를 하도록 하고 있다.

비교적 적은 양의 과용은 오심, 구토, 설사, 장출혈을 가져올 수 있으며, 더 많은 양을 복용하게 되면 쇼크, 간손상, 혼수, 죽음에도 이를 수 있다. 체중 1kg당 30mg의 철분 복용은 위험하므로 그럴 경우 위세척(구토)을 해야 한다.

불소 함유

식수에 불소처리가 되지 않은 지역의 아이들에게는 불소 보충이 권장된다. 불소는 뼈를 강하게 할 뿐 아니라 치아를 충치로부터 보호해 주기도 한다. 불소량은 하루에 0.25~1mg 정도이며 어린이 연령이나 식수 내 불소 함유 농도에 따라 다를 수 있다.

제5장 영양상태는 유아의 행동에 어떤 영향을 주는가?

1. 유아의 영양 상태

유아의 영양상태 측정

신체계측

어린아이의 신체계측은 성장 발달을 측정하는 것 외에 비만 가능성을 볼 수도 있다. 비만의 가장 좋은 임상 측정은 눈으로도 알 수 있다. 눈으로 봐서 비만으로 보이는 경우에는 신체계측치에 의해서 비만이다. 눈으로 봐서 확실치 않으면 신장대비 체중, 체지방량으로 비만 여부를 진단할 수 있다.

비체중(WT for HT)

어린이의 신장을 측정하는 가장 좋은 방법은 벽에 붙은 측정판에서 재는 것이 가장 좋다. 머리는 벽에 대고 시선은 앞을

그림 5-1 어린이의 신장 측정

자료: J. E. Brown(1999), *Nutrition Now*, Wadsworth Publishing Company.

보며 신발은 벗고 똑바로 선 채로 발뒷꿈치, 엉덩이, 머리를 벽에 댄 채로 재는 것이다(그림 5-1).

측정한 후 m, cm를 바로 기입함으로써 잘못 기재하거나 잊어버리는 것을 방지할 수 있다.

어린이의 성장을 평가하기 위해서 성장곡선을 이용한다. 신장, 체중을 정기적으로 재서 성장곡선상에서 비교하며 또 그 전의 측정치와도 비교해 보는 것이다.

단백질 및 에너지 영양불량

신체계측을 통해서 단백질 및 에너지 영양불량(PEM)도 알아낼 수 있다. 연령대비 신장이 성장곡선상에서 85퍼센타일 이하면 성장부진(stunt)이며 연령대비 체중이 60퍼센타일 이하이면 쇠약(wasting)인 것이다.

신체검사

어린이의 영양불량은 성장부진에 국한되지 않고 행동이나 신체효과 등에서 다양하고 만약 아이가 건강해 보이지 않고 정상적으로 행동하지 못한다면 영양불량을 의심해 볼 수 있다.

부모나 의사도 외모나 행동 면의 비정상적인 것이 영양불량에서 온다는 것을 인지하지 못한 채 간과하는 경우가 많이 있다.

따라서 표 5-1은 건강한 아이와 영양이 부족한 아이의 신체적 상태를 비교하여 요약하였다.

표 5-1 건강한 아이와 영양이 부족한 아이의 신체적 상태

신 체	건강한 아이	영양이 부족한 아이	관련된 영양소
머리카락	단단하고 빛남	건조하고 까슬까슬하며 잘 빠짐	단백질, 에너지
눈	밝고 맑으며 빛에 적응이 빠름	반점이 있고 붉은색이며 어둠에 적응이 느림	비타민 A, 비타민 B군, 아연, 철분
치 아	충치가 없고 잇몸이 단단하며 치아가 빛남	치아색이 퇴색, 충치, 잇몸에서 피가 나고 물렁거리며 부어 오름	무기질, 비타민 C
얼 굴	건조하거나 갈라짐 없이 얼굴이 맑음	얼굴이 거칠고 얼굴색이 좋지 않으며 피부도 갈라짐	단백질, 에너지, 비타민 A, 철분
분비선	뭉친 것 없음	목, 볼이 부어 오름	단백질, 에너지, 요오드
혀	붉고 울퉁불퉁함	아프고 밋밋하며 보라색, 부어 오름	비타민 B군
피 부	부드럽고 단단하며 색깔이 좋음	거칠고 건조해 샌드페이퍼 느낌 피하지방 부족	단백질, 에너지, 필수지방산, 비타민 A, 비타민 B군, 비타민 C
손발톱	단단하며 핑크색	스푼 모양이며 잘 갈라짐	철분
내부기관	규칙적인 심장 기능 심박률, 혈압, 소화기관, 반사작용, 정신상태에 이상 없음	비정상적인 심박률, 심장기능, 혈압, 간 비대 소화작용에 이상	단백질, 에너지, 무기질
근육, 뼈	근육과 긴 뼈의 성장이 정상적으로 일어남	근육 쇠약 뼈의 말단부위가 부어 오름 다리가 휜다	단백질, 에너지, 비타민 D

2. 유아의 영양과 행동

영양과 관련된 행동

굶주림과 행동

세계적으로 4세 이하 어린이 사망의 거의 반 정도는 영양불량에 기인한다고 한다.

비타민 A 결핍은 세계적으로 5백만 이상의 어린에게 실명, 성장지연, 감염의 영향을 주며, 아연결핍은 성장지연을 초래하며 단백질 및 에너지 영양불량과 비타민 A 결핍이 함께 온다.

잠시 배고프더라도 행동, 학습능력에 영향을 끼칠 수 있다. 아침을 잘 먹는 아이들은 그렇지 못한 동료에 비해 더 잘할 수 있다. 아침급식을 받는 아이들은 SAT 점수가 좋아졌으며 결석률도 낮아졌다. 건강한 아이라도 아침을 거를 경우에는 집중력이 떨어졌으며 IQ도 낮았다.

위가 비어 있는 상태에서 오전 수업을 하는 경우 문제는 낮은 혈당치에 기인할 수도 있다. 10세까지는 아이들은 보통 4시간 간격으로 음식을 먹어야 혈중 당 농도를 유지할 수 있으며 이는 곧 두뇌 활동, 신경계에 충분한 에너지를 공급하기 위함이다. 어린이의 두뇌는 성인만큼 크며, 체내 당 이용을 주로 하는 기관이다.

어린이의 간은 성인보다 작으며, 간은 글리코겐의 합성, 저장, 그리고 글리코겐으로부터 포도당으로의 분해 등의 기능을 한다. 아이들의 간은 단지 4시간 정도 글리코겐을 저장할 수 있으므로 자주 먹어야 하는 것이다.

따라서 아침식사를 하지 않는 경우에는 점심식사 때까지 기다리기보다는 스낵을 먹는 것이 좋다. 또 아침식사는 하루 필요한 영양소를 충당할 수 있으므로 필요하다. 아침식사를 거르면 다음 식사에서 모자라는 양을 다 채울 수는 없기 때문이다.

철분결핍 행동

철분결핍이 어린이의 행동에 영향을 미친다는 것은 이미 잘 알려져 있다. 철분은 혈액에서 산소를 운반하는 것 이외에도 세포 내에서 산소를 운반함으로써 에너지 생성을 도와주는 역할을 한다. 철분은 또한 신경전달 물질을 만드는 데도 필요하다. 이러한 물질은 아이들로 하여금 집중력을 조절하여 학습능력을 키우는 데 필수적인 것이다.

따라서 철분결핍은 에너지 생성 위기를 초래할 뿐만 아니라 감정, 주의력, 학습능력에 직접적으로 영향을 주게 된다. 철분결핍증은 보통 혈액 내 철분의 수준이 낮아지는 것으로 진단하며, 후에 빈혈에 이르게 된다.

철분에 의한 영향이 나타나기 이전에 이미 어린이의 뇌는 낮은 철분 농도에 민감하다. 보고에 의하면 철분결핍은 의욕적인 생각을 가지고 지속적으로 실행하는 능력을 떨어뜨려 결국 주의력 저하, 전반적인 지적 수행능력의 결여로 나타나게 된다. 빈혈인 아이들은 시험결과에서도 처지고 또 그렇지 않은 동료에 비해 더 산만한 것으로 나타났다.

기타 영양소 결핍과 행동

영양소 결핍이 어린이 행동에 영향을 주는 것으로는 철분만이 아니다. 다른 여러 영양소의 부족 또한 정서불안, 도전, 부정적, 슬픔, 허탈감 등을 가져올 수 있다(표 5-2). 그런 아이들은 대개 단순한 결핍, 경계수위, 영양불량에 의해서도 일어날 수 있고 이를 대개 과행동, 자폐라 한다. 이러한 경우에 어린이의 식사는 전문가, 의사에 의해 철저한 검사를 받아야 한다.

카페인과 행동

대부분의 사람들은 카페인이 어린이에게 있어 과행동증을 가져오는 원인 물질이라고 생각한다.

12온스의 소다음료에는 약 50mg의 카페인이 들어 있다. 27kg의 체중을 가진 아이가 두 잔 이상의 소다음료를 마시는 것은 78kg 어른이 8잔의 커피를 마신 것과 같다. 따라서 불면, 불안, 불규칙적 심장박동이 있는 어린이들은 카페인 섭취를 제한하여야 한다. 카페인을 접하지 않은 아이가 하루에 두 번의 콜라음료를 마시게 되면 아이는 확실하게 주의력이 떨어지고 불안감이 나타난다. 어린아이들은 콜라음료에 유혹당하기 쉬우니 어른들은 그들이 스스로 콜라음료 섭취를 조절할 때까지 관심을 갖고 노력해야 한다.

과행동증

어린이는 흥분, 주의력 저하, 불면, 자극, 활동량 저하가 올 수 있다. 이러한 것들이 긴장, 피로 증상을 초래할 수 있으며

표 5-2 영양 결핍과 행동 증후

영양 결핍	행 동 증 후
단백질-에너지	무감각, 에너지 결여, 음식에 대한 흥미가 없음
티아민	경련, 식욕 저하, 행동상의 협동이 잘 안 됨, 불면증, 피로
리보플라빈	우울증, 히스테리, 정신이상적 행동, 무기력
니아신	경련, 우울, 두통, 불면, 기억력 감퇴, 감정의 불안정, 정신적 혼란
비타민 B_6	경련, 불안, 불면, 허약, 정신적 우울증, 비정상적인 뇌파, 피로, 두통
엽산	빈혈시 오는 정신적 증후, 피로, 허약, 기억력 감퇴, 우울, 비정상적 신경기능, 두통, 혼란, 단순 계산 착오
비타민 B_{12}	악성 빈혈, 말초 신경계 퇴화
비타민 C	히스테리, 우울증, 무관심, 권태, 허약, 일에 흥미를 느끼지 못함, 히포콘드리아증, 빈혈, 피로
비타민 A	빈혈
철분	피로, 허약, 두통, 창백, 무관심, 빈혈
마그네슘	무감각, 성격 변화, 불안
구리	철분결핍성 빈혈
아연	식욕 상실, 성장 부진, 철분결핍성 빈혈, 불안, 감정 변화, 정신적 무기력

보다 많은 주의가 필요하다. 규칙적인 식사시간, 실외에서의 놀이, 제시간에 잠자기 등이 많은 도움이 될 수 있다.

과행동증은 아이의 행동이나 학습에 영향을 주는 것으로 이것은 치료하지 않으면 아이의 사회성 발달이나 학습능력에 나쁜 영향을 줄 수 있다. 치료로는 증상을 보면서 동반되는 문제들을 조절하는 데 초점을 맞추어야 한다. 과행동증의 원인은 아직 밝혀지지 않았으며 치료방법도 없다. 다만, 의사들은 행동수정, 특별한 교육기술, 심리상담, 약물치료 등으로 과행동증을 치료하곤 한다. 많은 부모들은 설탕 섭취 제한, 식품첨가물을 제한하는 등 식사를 바꾸어 봄으로써 해결방법이 있다고 믿지만 그것은 잘못이다. 왜냐하면 식사는 어린이의 생활 속에서 일부분이기 때문이다.

음식물에 대한 반응

어린이에 따라 식품에 비정상적인 반응을 보이는 경우가 있는데 이는 식품 불내증(food intolerance)과 식품 알레르기 두 가지가 있다. 식품 불내증은 음식물이 면역체계와는 별도로 보이는 이상적인 반응을 말하며, 식품 알레르기는 음식물이 면역반응과 반응을 보일 때를 말한다.

식품 알레르기

식품 알레르기는 식품 단백질이 몸에 들어가서 면역반응을 일으키는 것을 말한다. 대부분의 음식단백질은 소화기관 내에서 별 반응 없이 소화되고 흡수된다. 몸 속의 면역체계는 다른 항원들에 반응하는 것처럼 항체나 히스타민, 기타 방어물질을 생성하므로 식품 분자들과 반응하게 된다. 알레르기는 한두 가지 성분이다. 그것은 항상 항체와 관련이 있으며 증상이 항상 나타나지는 않는다. 알레르기 반응은 즉시 나타날 수도 있으며 오래 걸려 나타날 수도 있다. 즉시 일어나는 경우에는 원인식품을 알아내기가 쉽다. 그것은 음식을 먹은 지 몇 분 내에 증상이 오기 때문이다. 그러나 오랜 시간이 지난 후에 나타날 경우에는 원인물질을 찾기가 더 어렵다. 증상이 후에 오기 때문에 그 동안 여러 종류의 다른 음식을 먹었기 때문이다.

식품 알레르기를 일으키는 경우 거의 75%는 달걀, 땅콩, 우유에 의해 기인된다고 한다. 식품 알레르기는 2~3세 때 가장 흔하게 나타나며 그 이후에는 덜 민감해진다.

음식에 대해 비정상적인 반응을 보인다고 해서 모두 식품 알레르기는 아니다. 주로 위장장애, 두통, 빈맥, 구토, 설사, 기관지염, 기침 등이 음식과 관련지어 일어나는 증상들이다. 음식물의 모노소디움글루타메이드(MSG)와 같은 풍미제, 천연하제, 무기질황, 효소의 결여 등에 의해 증상이 나타나는 것을 식품 알레르기라 한다. 살충제 또한 이상반응을 초래할 수 있다. 따라서 식품의약국(FDA), 미농무성(USDA)에서는 식품안정성, 신생아와 어린이를 살충제의 위험으로부터 보호하기 위한 법률을 게재 중에 있다.

참고문헌

노만 크레츠머·마이클 짐머만,『발달의 관점에서 본 생애주기 영양학』, 교문사, 2000.

대한산부인과학회 서울지회 저,『임산부를 위한 姙娠·出産 百科』, 한동출판사, 2001.

대한소아과학회, 한국 소아의 정상치, 1994.

맹원재 · 홍희옥 · 송병춘,『현대인의 식생활과 건강』, 건국대학교출판부, 2000.

1998년 한국 소아 및 청소년 신체 발육 표준치 세부자료, 대한소아과학회, 1999.

한국인 영양섭취기준, 한국영양학회, 2005.

黃樹寬·全世烈·曺秀悅 共著,『生理學』, 光文閣, 1993.

American Academy of Pediatrics, *Committee on Nutrition, Pediatric Nutrition Handbook*, 3rd ed., Ek Grove, IL, 1993.

__________, Committee on Nutrition, The use of whole cow's milk in infancy, *Pediatrics 89*, 1992.

Apgar, J., "Zinc and Reproduction: An Update," *J Nutr Biochem 3*, 1992.

Bachorowshi, J. A. and coauthors, Sucrose and delinquency : Behavior assessment, *Pediatrics 86*, 1990.

Barr, S. I., Janelle, C. and Prior, J. C., "Energy Intakes Are Higher During the Luteal Phase of Ovulatory Menstrual Cycles," *Am J Clin Nutr 61*, 1995.

Bronner, Y. L. and Others, Early introduction of solid foods among urban African-American participants in WIC, *J. Am. Diet. Assoc. 99*, 1999.

Brown, J. E., *Nutrition Now*, Wadsworth Publishing Company, 1999.

California Department of Health Services, Maternal and Child Health Branch and WIC Supplemental Foods Branch, "Dietary Guidelines and a Daily Food Guide," in *Nutrition during Pregnancy and the Postpartum Period: A Manual for Health Care Professionals*, Sacramento: Department of Health Services, 1990.

Carlson, B. M., *Patten*'s *Foundations of Embryology*, 5th ed., McGraw-Hill, New York, 1988.

Chidley E, Soy formular: Good or bad for babies, *Today's Dietitian 26*, 1999.

Cohen A. R., Choosing the best Strategy to poevent Childhood iron deficiency : *J. Am. Med. Assoc. 281*, 1999.

Fairweather, S. J., Tait, Iron deficiency in infany : Easy to prevent - or is it? *European Journal of Clinical Nutrition (supplement 4) 46*, 1992.

Fisher J. O. and Birth L. L., Restricting access to palatable foods effcts children's behavioral response. food selection, and intake, *Am. J. Clin. Nut. 69*, 1999.

Forsyth, J. S., Is it worthwhile breast-feeding? *European Jouenal of Clinical Nutrition (supplement 1) 46*, 1993.

Frisch, R. E. and McArthur, J. W., "Menstrual cycles: Fatness as a Determinant of Minimum Weight for Height Necessary for Their Maintenance or Onset," *Science 185*, 1974.

Gans, D. A., Sucrose and unusual childhood behavior, *Nutrition Today*, May/June, 1991.

Garner, P. R., "The Effect of Body Weight on Menstrual Function," *Curr Probl Obstet Gynecol 7*, 1984.

Goedhaet, A. C. and Bindels, J. G., The composition of human milk as a model for the design of infant formulas : Recent finding and possible applications, *Nutrition Research Reviews 7*, 1994.

Gonzalez-Cossio, T. and Delgado, H., "Functional Consequences of Maternal Malnutrition," in Selected Vitamins, Minerals and the Functional Consequences of Maternal Malnutrition, ed. A. P. Simopoulos, *World Rev Nutr Diet*, 1991.

Helsing, E. King, F. S., *Breastfeeding in Practice*, Oxford: Oxford University Press, 1983.

Holst M. C., Developmental and behavioral effects of iron deficiency anemia in infants. *Nut. Today 33(1)*. 1998.

Institute of Medicine, *Nutrition During Pregnancy*, Washington, D. C.: National Academy Press, 1990.

________, *Prevention of Low Birthweight*, Washington, D. C.:National Academy Press, 1985.

Kirksey, A. and Wasynczuk, A. Z., "Morphological, Biochemical and Functional Consequences of Vitamin B6 Deficits During Central Nervous System Development," *Ann NY Acad Sci 678*, 1993.

Kretchmer N. & Zimmermann, M., *Developmental Nutrition*, Allyn & Bacon, 1997.

Lawrence, R. A., *Breastfeeding: A Guide for the Medical Profession*, 4th ed., St. Louis: Mosby, 1994.

Luke, B., Johnson, T. R. B. and Petrie, R., *Clinical Maternal-Fetal Nutrition*, Boston, MA: Little Brown and Co., 1993.

Martini, M. C., et al., "Effect of Menstrual Cycles on Energy and Nutrient Intake," *Am J Clin Nutr 60*, 1994.

Moore, K. L., *The Developing Human*, 4th ed., Philadelphia, PA: W. B. Saunders, 1988.

Oski, F. A., Iron deficiency in infancy and childfood, *New England Journal of Medicine 329*, 1993.

Parham, E. S., Astrom, M. F. and King, S. H., "The Association of

Pregnancy Weight Gain With the Mother' s Postpartum Weight," *J Am Diet Assoc 90*, 1990.

Picciano MF, How to grow a healthy child, *Nut. Today, 34(1)*, 1999.

Rask-Nissila L and others : Neurological development of five-year-old children receiving a low saturated fat, low cholesterol diet since infancy. *J. Am. Med. Assoc. 284*, 2000.

Rolfes, S. R., Debryne, L. K., and Whitney, E. N., *Life Span Nutrtion*, Wadsworth Publishing Company, 1998.

Ross, P., *Nutrition and Metabolism in Pregnancy*, Oxford: Oxford University Press, 1990.

Sampson, H. A. and Metcalfe, D. D., Food allergies, *Journal of the American Medical Association 268*, 1992.

Scrimshaw, N. S., Iron deficiency, *Scientific American*, October, 1991.

Soon Ah Kang-Yoon, et al., Vitamin B-6 adequacy in neonatal nutrition: associations with preterm delivery, type of feeding and vitamin B-6 supplementation, *Am J Clin Nutr.* 1995.

__________, Vitamin B-6 status of breast-fed neonates: Influence of pyridoxine supplementation on mothers and neonates,*Am J Clin Nutr.* 1992.

Tanner, J. M., *Fetus into Man: Physical Growth from Conception to Maturity*, Cambridge: Harvard University Press, 1990.

Taylor S. L. and others, Food allergies and avoidance diets. *Nut. Today, 34(1)*, 1999.

Trahms C. M. and Pipes P. L., *Nutrition in infancy and childfood*, 6th ed., WCB/McGrawlhill, 1999.

UNICEF, Nutrition Cluster(H-8F), *Inocenti Delaration on the Protcetion, Promotion and Support of Breastfeeding*, Florence, Italy, 1990.

Vander, A., et al., *Human Physiology: The Mechanisms of Body Function*, 8th ed., Mc Graw Hill, 2001.

Wardlaw, G. M. and Insel, P. M., *Perspective in Nutrition*, 5th, McGraw

Hill, 2002.

Warren, M. P., et al., "Scoliosis and Fratures in Young Ballet Dancers. Relation to Delayed Menarche and Secondary Amenorrhea," *N Engl J Med 315*, 1986.

Wender, E. H. and Solanto, M. V., Effects of suger on aggressive and inattentive behavior in children with attention deficit disorder with hyperactivity and normal children, *Pediatrics 88*, 1991.

Whitney, E. N., Cataldo, C. B. and Rolfes, S. R., *Understanding Normal and Clinical Nutrition*, 5th, West, 1998.

찾아보기

Index